CDOs im öffentlichen Sektor

Christian Schachtner

CDOs im öffentlichen Sektor

Perspektiven auf Chief Digital Officers und Strategien zur digitalen Transformation

Christian Schachtner
Hochschule RheinMain
Wiesbaden, Hessen, Deutschland

ISBN 978-3-031-76389-2   ISBN 978-3-031-76390-8 (eBook)
https://doi.org/10.1007/978-3-031-76390-8

Die Deutsche Nationalbibliothek verzeichnet diese Publikation in der Deutschen Nationalbibliografie; detaillierte bibliografische Daten sind im Internet über https://portal.dnb.de abrufbar.

Übersetzung der englischen Ausgabe: „CDOs in the Public Sector" von Christian Schachtner, © The Editor(s) (if applicable) and The Author(s), under exclusive license to Springer Nature Switzerland AG 2024. Veröffentlicht durch Springer Nature Switzerland. Alle Rechte vorbehalten.

Dieses Buch ist eine Übersetzung des Originals in Englisch „CDOs in the Public Sector" von Christian Schachtner, publiziert durch Springer Nature Switzerland AG im Jahr 2024. Die Übersetzung erfolgte mit Hilfe von künstlicher Intelligenz (maschinelle Übersetzung). Eine anschließende Überarbeitung im Satzbetrieb erfolgte vor allem in inhaltlicher Hinsicht, so dass sich das Buch stilistisch anders lesen wird als eine herkömmliche Übersetzung. Springer Nature arbeitet kontinuierlich an der Weiterentwicklung von Werkzeugen für die Produktion von Büchern und an den damit verbundenen Technologien zur Unterstützung der Autoren.

© Der/die Herausgeber bzw. der/die Autor(en), exklusiv lizenziert an Springer Nature Switzerland AG 2024

Das Werk einschließlich aller seiner Teile ist urheberrechtlich geschützt. Jede Verwertung, die nicht ausdrücklich vom Urheberrechtsgesetz zugelassen ist, bedarf der vorherigen Zustimmung des Verlags. Das gilt insbesondere für Vervielfältigungen, Bearbeitungen, Übersetzungen, Mikroverfilmungen und die Einspeicherung und Verarbeitung in elektronischen Systemen.
Die Wiedergabe von allgemein beschreibenden Bezeichnungen, Marken, Unternehmensnamen etc. in diesem Werk bedeutet nicht, dass diese frei durch jede Person benutzt werden dürfen. Die Berechtigung zur Benutzung unterliegt, auch ohne gesonderten Hinweis hierzu, den Regeln des Markenrechts. Die Rechte des/der jeweiligen Zeicheninhaber*in sind zu beachten.
Der Verlag, die Autor*innen und die Herausgeber*innen gehen davon aus, dass die Angaben und Informationen in diesem Werk zum Zeitpunkt der Veröffentlichung vollständig und korrekt sind. Weder der Verlag noch die Autor*innen oder die Herausgeber*innen übernehmen, ausdrücklich oder implizit, Gewähr für den Inhalt des Werkes, etwaige Fehler oder Äußerungen. Der Verlag bleibt im Hinblick auf geografische Zuordnungen und Gebietsbezeichnungen in veröffentlichten Karten und Institutionsadressen neutral.

Planung/Lektorat: Anthony Doyle
Springer ist ein Imprint der eingetragenen Gesellschaft Springer Nature Switzerland AG und ist ein Teil von Springer Nature.
Die Anschrift der Gesellschaft ist: Gewerbestrasse 11, 6330 Cham, Switzerland

Wenn Sie dieses Produkt entsorgen, geben Sie das Papier bitte zum Recycling.

An alle, die dieses Buch in die Hand nehmen, danke, dass Sie meinen Worten eine Chance geben. Lassen Sie die Ideen Ihren Weg zur Transformation des öffentlichen Sektors unterstützen.

Vorwort

Anmerkungen zur 1. Ausgabe.

Die Idee für dieses Buch entstand aus dem anerkannten Bedarf an einer Sammlung von Handlungsoptionen für die Rolle des Chief Digital Officer (CDO) in öffentlichen Verwaltungen. Die mehr als 20-jährige Erfahrung des Autors in Digitalisierungsprojekten auf verschiedenen föderalen Ebenen in Deutschland hat einen erheblichen Einfluss auf die Aussagen. Insofern basieren die Aussagen und Handlungsempfehlungen auf lokalen Voraussetzungen. Gleichzeitig werden Projekterfahrungen aus der DACH-Region einfließen. Es wird jedoch versucht, eine abstrakte Beschreibung mit theoriebasierten, konzeptionellen und methodischen Ideen zu finden, um die Wirkung von Digitalisierungsmaßnahmen zu erhöhen. Insofern greift die Veröffentlichung globale Probleme öffentlicher Organisationen auf, die im Forschungsfeld der Digitalisierung im öffentlichen Sektor eine allgemeine Gültigkeit anstreben. Aufgrund des dynamisch entwickelnden Forschungsfeldes und der angewandten Ausrichtung der Domäne kann dieses Buch nur eine temporäre Gültigkeit haben. Hoffentlich schreiten die Entwicklungen immer weiter voran, sodass in weiteren Ausgaben der aktuelle Stand hilfreicher Instrumente zur Steigerung der digitalen Leistungsfähigkeit öffentlicher Dienstleistungen reflektiert werden kann.

Ich wünsche Ihnen inspirierende Ideen und aufschlussreiche Übertragungen durch das Lesen dieser Veröffentlichung!

Prof. Dr. Christian Schachtner
Professor für Wirtschaftsinformatik mit
Schwerpunkt Digitalisierung im öffentlichen
Sektor
Hochschule RheinMain
Wiesbaden, Deutschland
christian.schachtner@hs-rm.de

Danksagungen Ich danke allen Kolleginnen und Kollegen, Praxispartnern, Expertinnen und Experten sowie Projektmitarbeiterinnen und Projektmitarbeitern für ihre wertvollen Anregungen während der jahrelangen Arbeit im Bereich der Digitalisierung der Verwaltung. Ein besonderer Dank geht an meine Postdoktorandin für ihre inhaltliche und formale Unterstützung beim Verfassen dieser Publikation.

Einführung

Regierungen und Gemeinschaften auf der ganzen Welt haben die Verantwortung, die dringenden Bedürfnisse der Bürger zu adressieren und gleichzeitig eine nachhaltige Entwicklung sicherzustellen. Die zunehmende Komplexität gesellschaftlicher Veränderungen stellt die politischen Entscheidungsträger und öffentlichen Verwaltungen vor die Herausforderung, innovative politische Lösungen zu entwickeln und umzusetzen, selbst bei begrenzten finanziellen Ressourcen. Es gibt jedoch ein erhebliches Verständnisdefizit darüber, wie kollektives Handeln Innovation im öffentlichen Sektor erzeugt und wie es effektiv unterstützt werden kann.

Der öffentliche Sektor, der sich traditionell auf Rechtssicherheit und Stabilität konzentriert, steht vor der Herausforderung, mit der zunehmenden Volatilität, Unsicherheit, Komplexität und Mehrdeutigkeit (VUCA-Welt) des organisatorischen Umfelds aufgrund von Krisen wie der COVID-19-Pandemie, dem Klimawandel und neuen Technologien umzugehen [1]. Die Anpassung an die aktuellen und zukünftigen Bedürfnisse der Interessengruppen erfordert vor allem Flexibilität und Reaktionsfähigkeit, die in Form von Agilität umgesetzt werden können [2]. Allerdings betonen aktuelle Debatten über die Modernisierung im öffentlichen Sektor oft technologische Innovationen und vernachlässigen soziale Innovationen. Relevante Autoren heben hervor, dass Agilität nicht nur durch den Einsatz neuer Technologien erreicht werden kann, sondern auch durch die Einführung geeigneter Werte und Prinzipien, die einen Wandel der Arbeitskultur in der öffentlichen Verwaltung ermöglichen [3, S. 27].

Die Digitalisierung ist mit verschiedenen Zielen verbunden. Je nach Perspektive können diese Ziele von der Steigerung der Effizienz und Leistung über die Verbesserung der Servicebereitstellung bis hin zu erhöhter Transparenz, Partizipation und Kooperation reichen. In dieser Hinsicht gibt es keinen Unterschied zwischen den föderalen Ebenen außerhalb zentral organisierter Staaten, da die Strafverfolgung in der Gesetzgebung und Vollstreckung meist in kollaborativer Form organisiert ist und eine detaillierte Betrachtung der Organisationsformen nicht das Ziel dieser Veröffentlichung ist, siehe Homburg [4].

Der immense Druck auf die Gemeinden, mit weniger Budget mehr zu leisten und die steigenden Erwartungen, qualitativ hochwertige Dienstleistungen schneller zu erbringen, haben die Notwendigkeit hervorgehoben, wie der öffentliche Sektor mit Veränderung und Innovation umgeht. Da öffentliche Institutionen Innovation nun als Schlüssel zur Zukunft der wirtschaftlichen Aktivität sehen, müssen öffentliche Verwaltungen das Konzept verstehen. Bis vor kurzem neigten die politischen Maßnahmen jedoch dazu, die Innovationsfähigkeit des privaten Sektors zu imitieren, anstatt Innovation innerhalb öffentlicher Organisationen zu fördern. Der Fokus lag auf öffentlicher Beschaffung, Subventionen und Steuern, anstatt auf dem Aufbau interner Innovationskapazitäten [5].

Die Bedeutung von Erwartungen und dem Handlungskontext für die Rolle des Chief Digital Officer (CDO) in öffentlichen Institutionen ist von entscheidender Relevanz. Im Gegensatz zu klaren Abgrenzungen von der Leitung der IT-Abteilung, Datenschutzbeauftragten, Abteilungsleitern oder organisatorischen Abteilungen gibt es keine einheitliche Rolle. Der organisatorische Standort kann vom Charakter einer Stabseinheit bis hin zum Leiter des Amtes oder der Leitung von Abteilungen/Einheiten reichen. Diese Vielfalt spiegelt sich auch in den unterschiedlichen Unterstellungsverhältnissen wider, die in der Regel in den Gemeinden variieren.

Ziele dieses Buches

Dieses Buch zielt darauf ab, diese Wissenslücke zu schließen, indem es sich auf die Innovationsfähigkeit des öffentlichen Sektors durch die Rolle des Chief Digital Officer konzentriert. In den letzten zehn Jahren ist Innovation im öffentlichen Sektor zu einem zunehmenden Problem für lokale Behörden geworden. Infolgedessen ist „Innovation" zu einem wichtigen politischen Thema in der Regierungsführung geworden, da Regierungen versuchen, anhaltende politische und soziale Herausforderungen wie demografische Veränderungen und Ungleichheiten im Gesundheits- und Bildungswesen anzugehen [6].

Mit dem wachsenden Druck, Innovationen im öffentlichen Sektor voranzutreiben, hat der Umfang der Literatur zu diesem Thema zugenommen. Obwohl die meisten Arbeiten eher konzeptionell sind und einige normative Ansätze beinhalten, gibt es nur begrenzte empirische Forschung [7]. Die konzeptionelle Perspektive hat sich jedoch erweitert, um Bemühungen zur Erforschung spezifischer Arten von Innovationen und deren Verbreitung einzuschließen. Sie untersucht auch die organisatorische Fähigkeit, Innovationen innerhalb der lokalen Regierungen zu fördern. Trotz dessen bleibt der konkrete empirische Nachweis für Innovationen im öffentlichen Sektor begrenzt.

Diese Veröffentlichung konzentriert sich darauf, wie Chief Digital Officers (CDOs) in Organisationen die Fähigkeit haben, wirtschaftliche und gesellschaftliche Herausforderungen in Chancen für Innovation zu verwandeln und diese umzusetzen. Die Idee der Teamarbeit wird auch aus einer Netzwerkperspektive betrachtet. Dies bedeutet, dass politische Prozesse und die Bereitstellung von

Dienstleistungen oft aus Interaktionen zwischen verschiedenen Akteuren entstehen, wie z. B. lokalen Bürgern, Büroleitern, externen Mitarbeitern und Unternehmen. Solche Netzwerke erfordern jedoch aktive Managementbemühungen, um die gewünschten Ergebnisse zu erzielen. Damit diese Netzwerke die beabsichtigten Vorteile liefern, müssen Führungskräfte in der Lage sein, Rahmenbedingungen zu schaffen, einzugreifen und auftretende Probleme zu lösen [8].

Die Struktur des Buches

Das Buch ist in mehrere relevante Teile der Funktion des Chief Digital Officer in Städten und Gemeinden unterteilt. Kap. 1 beginnt mit den theoretischen Aspekten der strategischen Handlungsfelder der Verwaltungsdigitalisierung, nach den einleitenden Erklärungen in der Einleitung und dem Aufbau dieser Arbeit. In jedem dieser Bereiche werden ausgewählte Dimensionen für die Innovationsfähigkeit des öffentlichen Sektors beschrieben.

Kap. 2 behandelt die Entwurfsmethoden für digitale Manager. Organisatorischer Wandel als Herausforderung wird mittels Innovationsmanagement, Erkenntnissen aus der Managementforschung, Forschungsförderungsverwaltung und unserer eigenen empirischen Umfrage der Zielgruppe angesprochen.

Basierend auf den Methoden, die für CDOs relevant sind, zielt Kap. 3 darauf ab, ein konkretes Konzept der Anforderungen an die Rolle der Handlung für die digitale Transformation abzuleiten. Wichtige Maximen der Wirkung und Kompetenzanforderungen werden hier vorgeschlagen.

In Form eines iterativen Prozesses wird dann ein Machbarkeitsnachweis beschrieben, der einen Prozess zur Entwicklung einer digitalen Agenda verwendet, um den praktischen Transfer zu erhöhen. Hier können Hinweise zur Governance und Leitmotive für die eigenen strategischen Planungsprozesse abgeleitet werden.

Im letzten Kap. 4 werden Handlungsempfehlungen zusammengestellt, die eine Vielzahl von Faktoren der Führungsaktivität und der zukunftsorientierten Organisation umfassen.

Literatur

1. Hill, H. (2015). Effektives Management – Agilität als Paradigma des Wandels. *Journal of Administrative Science, Administrative Law and Administrative Policy*, *106*(4), 397–416.
2. Richenhagen, G. (2017). Auf dem Weg zur agilen Verwaltung. Aussage auf dem Zukunftskongress Staat und Verwaltung, Zukunftsdialog Agile Verwaltung. https://www.fom.de/fileadmin/fom/forschung/ifpm/Agil-Jahrbuch_mitLit-korr.pdf.
3. Michl, T., & Steinbrecher, W. (2019). Wofür kann unsere Gesellschaft eine „agile Verwaltung" brauchen? In M. Bartonitz, V. Lévesque, T. Michl, W. Steinbrecher,

C. Vonhof, & L. Wagner (Hrsg.) Agile Verwaltung. Wie der öffentliche Dienst die Zukunft aus der Gegenwart entwickeln kann. Springer, 23–40.
4. Homburg, V. (2018). IKT, E-Government und E-Governance: Bits & Bytes für die öffentliche Verwaltung. *The Palgrave Handbook of Public Administration and Management in Europe*, 347–361.
5. Borrás S., & Edler, J. (2014). Die Steuerung sozio-technischer Systeme. Veränderung erklären. Edward Elgar.
6. Osborne, S. P. (2014). Die neue öffentliche Governance? Aufkommende Perspektiven zur Theorie und Praxis der öffentlichen Governance. Taylor & Francis.
7. de Vries, H., Bekkers, V. & Tummers, L. (2015). Innovation im öffentlichen Sektor: Ein systematischer Überblick und zukünftige Forschungsagenda. *Public Administration*, *94*(1), 146–166.
8. Crosby, B. C., & Bryson, J. M. (2018). Warum die Führung der öffentlichen Führungsforschung wichtig ist: und was man dagegen tun kann. *Public Management Review*, *20*(9), 1265–1286.

Inhaltsverzeichnis

1	**Theoretische Grundlagen**....................................	1
	1.1 eGovernment und Business Intelligence	3
	1.2 IKT-Strategie und Betrieb	5
	1.3 Digitale Stadtentwicklung (GIS, Digitaler Zwilling)............	10
	1.4 Open Government	11
	1.5 Entwicklung digitaler Geschäftsmodelle (Investitionen).........	12
	1.6 Smart Cities und Smart Regions	14
	1.7 Digitale Inkubatoren	15
	1.8 Quartiersentwicklung.....................................	15
	Literatur..	16
2	**Methodische Handlungsfelder der digitalen Transformation**.......	19
	2.1 Co-Kreation und Innovationslabore..........................	20
	2.2 Forschungs- und Entwicklungsprojekte.......................	22
	2.3 Fördermittelmanagement..................................	23
	2.4 Bürgerwissenschaft und Service-Level-Umfragen	24
	Literatur..	25
3	**Ableitung eines Wirkungskonzepts für CDOs im öffentlichen Sektor**...	27
	3.1 Bestimmen Sie das Mandat des CDO für Maßnahmen...........	28
	3.2 Die konzeptionelle Handlungsebene der CDOs	30
	3.3 Die operative Auswirkung von CDOs	34
	3.4 Anforderungen an ein Qualifizierungskonzept für CDOs	35
	Literatur..	36
4	**Validierung der Ergebnisse auf Basis einer CDO-unterstützten Beispielstrategie**...	39
	4.1 Ziel und Messbarkeit	40
	4.2 Leitprinzipien..	41
	4.2.1 Raum für Innovation schaffen	41
	4.2.2 Lernräume schaffen	41

		4.2.3	Offen und transparent handeln.....................	42
		4.2.4	Schützen Sie Ihre Privatsphäre.....................	42
	4.3	Aktivitäten...		42
	4.4	Wichtige Erkenntnisse aus den CDO-Workshops..............		43
	4.5	Empfehlungen...		44
		4.5.1	Organisation Digitale Zusammenführung und Projektverlauf Parallel zur Linie.................	44
		4.5.2	Auftrag zur Erweiterung und Anpassung der Leitmotive.....................................	45
		4.5.3	Systematische Gestaltung von Handlungsfeldern.........	46
	Literatur..			48

Schlussfolgerung 49

Anhang 51

Über den Autor

Prof. Dr. Christian Schachtner ist Professor für Wirtschaftsinformatik mit Schwerpunkt Digitalisierung im öffentlichen Sektor an der Hochschule RheinMain in Wiesbaden/Deutschland. Bis 2023 war er Studiengangsleiter für Public Managements an der IU Internationale Hochschule, Bad Reichenhall/Deutschland. Nach dem Abschluss eines Diploms in öffentlicher Verwaltung (FH) an der HfoeD Bayern/Deutschland absolvierte er einen Master in europäischem Verwaltungsmanagement an der HWR Berlin/Deutschland. Anschließend promovierte er an der Wirtschaftswissenschaftlichen Fakultät der Katholischen Universität Eichstätt-Ingolstadt/Deutschland am Lehrstuhl für Betriebswirtschaftslehre, Personal und Organisation. Neben 10 Jahren Erfahrung als Chief Digital Officer und Manager in der öffentlichen Verwaltung und Smart City Angelegenheiten arbeitet er als interner Berater, unabhängiger Organisationsberater und in der Erwachsenenbildung. Seine Forschungsschwerpunkte sind Public Governance, Smart City und Regionen, digitale Transformation, Learning Analytics, kompetenzbasierte Rahmenwerke, Upskilling, automatisierte Systeme und KI-basierte Systeme sowie Datenkompetenz. Er ist Mitglied der Deutschen Gesellschaft für Organisation (Gfo) und der Gesellschaft für Informatik (GI) sowie Research Fellow am Stein-Hardenberg-Institut Berlin/Deutschland und der Universität für Weiterbildung Krems/Österreich.

Kapitel 1
Theoretische Grundlagen

Die Verwaltungswissenschaft hält es für unkritisch, dass die Integration von Implementierungsaspekten in einer frühen Phase des Innovationsprozesses tatsächlich dazu beitragen kann, ganzheitlichere Lösungen zu schaffen (vgl. Torfing [1]). Diese Orientierungen sind zentral für die Literatur über New Public Governance (NPG) im Bereich der Innovation im öffentlichen Sektor. Die Forschung im Bereich eGovernment konzentriert sich hauptsächlich auf den bürgerzentrierten Public-Value-Ansatz. Der Fokus liegt dabei in erster Linie auf den Auswirkungen von eGovernment auf die Bürger, d. h. auf externen Effekten. Die Veröffentlichungen konzentrieren sich jedoch weniger auf die Rolle der Mitarbeiter als Akteure der Transformation und als Schöpfer für Chief Digital Officers (CDOs).

Eine signifikante Steigerung der Leistungsfähigkeit der öffentlichen Verwaltung und damit des öffentlichen Wertes wäre möglich, wenn die intern genutzten Informationssysteme stärker auf Benutzerfreundlichkeit, Interoperabilität und Anpassungsfähigkeit durch Geschäftsanwender ausgerichtet wären. Insbesondere sollte die ganzheitliche Untersuchung des Einsatzes von algorithmusbasierten Assistenzsystemen zur Optimierung der gesamten Wertschöpfungskette (vgl. Twizeyimana und Andersson [2]) in der öffentlichen Dienstleistungserbringung priorisiert werden.

Die wissenschaftliche Diskussion über das Konzept der Innovation ist vielschichtig und durch unterschiedliche Perspektiven geprägt. Die Innovationsforschung hat sich zu einem interdisziplinären Feld entwickelt, das nicht nur technologische Fortschritte, sondern auch soziale, organisatorische und kulturelle Aspekte berücksichtigt. Diese Diskussion wirft Fragen auf, die von der Definition von Innovation bis zu den Faktoren reichen, die deren Entstehung beeinflussen. Einige zentrale Aspekte dieses Diskurses werden im Folgenden hervorgehoben.

Die Definition von Innovation variiert je nach Disziplin und Kontext. Während einige den Schwerpunkt auf technologische Entwicklungen legen, betonen andere soziale oder organisatorische Veränderungen. Freeman [3] betont die Bedeutung des Wissens- und Technologietransfers zwischen verschiedenen Akteuren in der Wirtschaft. Sein Innovationskonzept beschränkt sich daher nicht auf das Unternehmen in Isolation, sondern betrachtet Innovation als ein komplexes Netzwerk von Interaktionen zwischen Unternehmen, Forschungseinrichtungen, Regierungen und anderen Institutionen. Diese Perspektive ist besonders wichtig für Forscher in der Organisationsforschung, da sie den Wert und die Macht der Einbeziehung von Nutzern in den Innovationsprozess hervorhebt.

Die Unterscheidung zwischen inkrementeller und radikaler Innovation ist ein zentraler Punkt in der Diskussion. Inkrementelle Innovationen verbessern bestehende Produkte oder Prozesse, während radikale Innovationen grundlegende Veränderungen einführen. Diese Unterscheidung hat Auswirkungen auf die Innovationsstrategien von Organisationen.

Innovation kann aus einer Vielzahl von Quellen stammen, einschließlich F&E, Zusammenarbeit mit externen Partnern oder sogar aus unerwarteten Entdeckungen (Serendipität). Externe Faktoren wie regulatorische Änderungen, soziale Trends und wirtschaftliche Bedingungen beeinflussen ebenfalls den Innovationsprozess. Die Idee des Innovationssystems hat sich seitdem verbreitet und wird auf nationaler und regionaler Ebene sowie in verschiedenen Sektoren angewendet. Sie dreht sich um die Konnektivität von Nutzern und Produzenten sowie um systemisches Denken, um das lineare Innovationsmodell zu kritisieren und gleichzeitig auf die Bedeutung des Wissensflusses zwischen interdependenten Akteuren hinzuweisen, um Innovation zu fördern.

Ein weiterer wichtiger Diskussionspunkt ist das Konzept der „offenen Innovation", bei dem Organisationen nicht nur auf interne Ressourcen zurückgreifen, sondern auch externe Ideen und Technologien integrieren. Chesbrough betonte die Bedeutung von Offenheit und Zusammenarbeit in Innovationsprozessen (vgl. Chesbrough [4]).

Die Herausforderung, Innovation zu messen und Erfolg zu definieren, sind kritische Themen. Traditionelle Messgrößen wie Umsatzwachstum können möglicherweise nicht die tatsächliche Innovationsleistung einer Organisation vollständig erfassen. Die Diskussion über alternative Erfolgsmetriken und Bewertungsmethoden ist daher von zentraler Bedeutung (vgl. Tidd et al. [5]).

Insgesamt zeigt die wissenschaftliche Diskussion über das Konzept der Innovation, dass Innovation ein komplexes und multidimensionales Phänomen ist, das sich nicht auf technologische Aspekte beschränkt. Vielmehr erfordert es eine umfassende Betrachtung sozialer, organisatorischer und kultureller Kontexte. Forscher und Praktiker stehen vor der Herausforderung, diesen breiten Ansatz in ihre Arbeit zu integrieren und innovative Prozesse ganzheitlich zu verstehen.

Aus der Perspektive dynamischer Fähigkeiten behauptet Teece [6], dass es die Fähigkeit ist, Veränderungen in der Umwelt zu erkennen, unternehmerische Chancen zu ergreifen und Ressourcen rechtzeitig umzuleiten. Es basiert auch auf der Idee, dass neues Wissen neue Möglichkeiten schaffen kann, aber diese Perspektive auf Innovation ist im öffentlichen Sektor nicht selbstverständlich. In dieser Hinsicht muss eine Anpassung in verschiedenen Varianten auf Innovationen im öffentlichen Sektor angewendet und dann konzeptionell verortet werden. Die Betonung der Innovation im öffentlichen Sektor und deren Platz in einer regulierten Kultur unterstreicht die Bedeutung von Wissensprozessen aus der Perspektive des organisatorischen Lernens. Dies wird als „Absorptionskapazität" einer Organisation bezeichnet, die zwischen der organisatorischen Leistung und den Wissensprozessen im Zusammenhang mit der ressourcenbasierten Sichtweise des Unternehmens vermittelt (vgl. Cohen und Levinthal [7]).

Die Absorptionskapazität ergibt sich aus der Idee der dynamischen Fähigkeiten. Empirische Studien haben gezeigt, dass einige öffentliche Organisationen institutionell reaktionsfähiger auf Veränderungen in der Umwelt sind als andere. Jüngste Forschungen zu leistungsschwachen Kommunalverwaltungen haben eine stärker managementorientierte Erklärung dafür geliefert, dass einige Organisationen institutionell besser „geeignet" sind, auf Anzeichen von Leistungsabfall zu reagieren. Dies induziert eine Art Selbstregulierungsmechanismus, um die Leistungskurve umzukehren. Werkzeuge wie Strategie, Vision und die Einführung eines neuen Unternehmensparadigmas werden als effektivere Managementkontrollen angeführt. Die Idee von Leistung und Anpassungsfähigkeit kann auf die Innovationsfähigkeit übertragen werden. Hier können die dynamischen Fähigkeiten der Organisation, die es ihr ermöglichen, sich an die Umwelt anzupassen, mit der Verantwortung der Regierung für die effektive Umsetzung von Politiken und der Notwendigkeit, dass Regierungen sich an Veränderungen in ihrem (lokalen) Umfeld anpassen, um dort zu innovieren, wo es am dringendsten benötigt wird, verknüpft werden.

Empirische Belege fehlen derzeit vollständig in Bezug auf deutsche Verwaltungen, aufgrund der Neuheit der Rolle. Da sich dieser Text im Kontext auf deutsche Verwaltungen bezieht, kann ein exemplarischer Rahmen von Verantwortungsbereichen, als nicht erschöpfende Liste, aus der eigenen Rolle des Autors als CDO einer Gemeinde als Ausgangspunkt veranschaulicht werden.

1.1 eGovernment und Business Intelligence

Im Zusammenspiel zwischen eGovernment und Business Intelligence setzt der öffentliche Sektor zunehmend auf „datengetriebene Governance". Dies wird als ein innovativer Ansatz sowohl im Bereich der öffentlichen Verwaltung als auch in der politischen Entscheidungsfindung verstanden. Diese Form der Governance zeichnet sich durch die intensive Nutzung von Daten aus, um fundierte und evidenzbasierte Entscheidungen zu treffen, politische Prozesse zu optimieren und die Effizienz der öffentlichen Verwaltung zu steigern. Im Kern geht es darum, Daten als eine Schlüsselressource zu betrachten und sie in den Mittelpunkt des Entscheidungsprozesses zu stellen.

Die Grundlage der datengesteuerten Governance liegt in der umfassenden Datenerhebung, -verarbeitung und -analyse. Dies umfasst eine Vielzahl von Datenquellen, einschließlich Regierungsinformationen, Bürgerdaten, sozioökonomischen

Daten, Umweltdaten und anderen relevanten Informationen. Die gesammelten Daten werden in Echtzeit analysiert, um Muster, Trends und Erkenntnisse zu identifizieren, die zur Information von politischen Entscheidungen genutzt werden können (vgl. Wang et al. [8]).

Ein wesentliches Merkmal der datengesteuerten Governance ist der Einsatz fortschrittlicher Technologien wie Big Data Analytics, Künstliche Intelligenz (KI) und maschinelles Lernen. Diese Technologien ermöglichen eine umfassende Analyse großer Datenmengen, um präzise Vorhersagen zu treffen und komplexe Zusammenhänge zu verstehen. Zum Beispiel kann die Analyse von Bürgerdaten dazu beitragen, die Bedürfnisse und Präferenzen der Bevölkerung besser zu verstehen, was wiederum die Gestaltung von Politiken und Dienstleistungen beeinflusst.

Die Anwendung der datengesteuerten Governance erstreckt sich auf verschiedene Bereiche der öffentlichen Verwaltung. In der Gesundheitspolitik wird Datenanalyse verwendet, um Krankheitsausbrüche zu überwachen, Ressourcen effizienter zuzuweisen und präventive Maßnahmen zu planen. Im Bildungsbereich ermöglicht die Analyse von Schülerdaten die Identifizierung von Bildungstrends und die Anpassung von Lehrplänen. In der Umweltpolitik können Umweltdaten genutzt werden, um Umweltauswirkungen zu überwachen und nachhaltige Politiken zu fördern.

Ein wichtiger Aspekt der datengesteuerten Governance ist die Förderung von Transparenz und Partizipation. Durch die Bereitstellung von Daten für die Öffentlichkeit können Bürger besser informierte Entscheidungen treffen und aktiv am demokratischen Prozess teilnehmen. Dies trägt zur Schaffung eines offenen und transparenten Regierungsumfelds bei.

Jedoch sind ethische Überlegungen bei der Implementierung der datengesteuerten Governance von großer Bedeutung. Der Schutz der Privatsphäre der Bürger und die Sicherstellung der Datenqualität und -integrität sind grundlegende Anliegen. Verantwortungsvolle Datenregulierung und Governance-Strukturen sind notwendig, um sicherzustellen, dass die Vorteile datengesteuerter Ansätze im Einklang mit grundlegenden ethischen Prinzipien geteilt werden.

In Deutschland, Österreich und der Schweiz (DACH) analysiert die weltweit größte Studie für Daten, Business Intelligence und Analytics Trend Monitor® 2023 des Business Application Research Center (BARC) [9] neben dem privaten Sektor auch den öffentlichen Sektor in Bezug auf den Reifegrad der Branchen. Die globale Studie analysiert 67 % der Organisationen in Europa und 66 % davon in der DACH-Region gemäß den 1823 Antworten aus verschiedenen Branchen und Größen hinsichtlich ihrer BI- und Analytics-Landschaft.

Das Ergebnis besagt, dass eine datengesteuerte Entscheidungskultur mit Business-Intelligence-Anwendungen noch einen Sprung in den Reifegraden erfordern würde. In Bezug auf die für das Management relevanten Aspekte der Strategieentwicklung liegt der Beobachtungspunkt „Data Governance" im öffentlichen Sektor auf dem vierten Platz unter den zehn untersuchten Branchen. Allerdings rangiert die DACH-Region unter den befragten europäischen Regionen auf dem letzten Platz und liegt auch im globalen Vergleich am Ende der Liste.

Vergleichbare Werte sind in der Umfrage zur datengesteuerten Kultur verfügbar. Die DACH-Region belegt den vorletzten Platz unter den Regionen, nur vor Osteuropa. Auch hier liegt der öffentliche Sektor, zu dem auch der Bildungssektor gehört, auf dem vierten Platz unter den Branchen. Der Kommunikationssektor liegt hier deutlich in Führung.

Zusammenfassend lässt sich sagen, dass datengesteuerte Governance eine transformative Kraft in der modernen Verwaltung ist. Durch den intelligenten Einsatz von Daten können politische Entscheidungsträger effektivere Strategien entwickeln, Ressourcen effizienter nutzen und die Bedürfnisse der Bevölkerung besser verstehen. Dieser Ansatz markiert einen Paradigmenwechsel in der öffentlichen Verwaltung, bei dem Daten nicht nur als Nebenprodukt, sondern als entscheidende Ressource für transparente, effiziente und partizipative Governance betrachtet werden.

Gleichzeitig muss festgestellt werden, dass das Niveau beider Werte noch Optimierungspotenzial aufweist. Auf einer Skala von 10,0 reichen die Werte von 6,5 bis 8,5.

1.2 IKT-Strategie und Betrieb

Die Frage der IKT-Systeme ist eng mit der Frage der Informationsverarbeitungssysteme verknüpft. ERP-Systeme verbinden aktuelle Entwicklungen im Bereich der Automatisierung von Arbeit, insbesondere mit der Einbeziehung von Informationssystemen in der öffentlichen Verwaltung. Seit den 1970er Jahren sind diese Systeme im Zusammenhang mit der aufkommenden Digitalisierung im Kontext der dritten industriellen Revolution verankert, wie von Neuburger und Fiedler beschrieben ([10], S. 344). Die historische Perspektive dient als Grundlage für die weitere Diskussion über die Rolle der Informationstechnologie bei der Automatisierung von Aufgaben in der Arbeitswelt.

Die Perspektive von Informationssystemen als sozio-technische Systeme, die Menschen, Aufgaben, Informationstechnologie und organisatorische Aufgaben integrieren (vgl. Kempter und Peters [11], S. 16), verleiht der Diskussion eine systemtheoretische Perspektive. Dieser Ansatz ermöglicht die Integration verschiedener Faktoren, die die Interaktion zwischen Mensch und Technologie in organisatorischen Kontexten beeinflussen. Die Erwähnung einer neuen Generation von Informationssystemen, die die Mensch-Maschine-Schnittstelle von automatisierten zu autonomen Entscheidungssystemen für komplexe Fragestellungen verschiebt (vgl. Ferràs-Hernández [12], S. 260), spiegelt den aktuellen technologischen Wandel wider. Dies unterstreicht den Übergang zu hochentwickelten Systemen, die eigenständig Entscheidungen treffen können. Betriebswirtschaftliche Informationssysteme dienen als zentrale Ressource für verschiedene Aufgaben in der öffentlichen Verwaltung und unterstreichen ihre multifunktionale Rolle. Die Verbindung zur Plattformökonomie, zu Geschäftsprozess-Workflows und anderen Anwendungsbereichen unterstreicht ihre Relevanz in der modernen Verwaltungspraxis.

Die Identifizierung von Forschungslücken, insbesondere das Fehlen eines systematischen Überblicks und eines branchenspezifischen Klassifizierungsschemas, rechtfertigt die Notwendigkeit weiterer Forschung. Die vorgeschlagene systematische Metaanalyse unter Verwendung eines PRISMA-Schemas zur Erfassung des Forschungsstands und zur Extraktion von Klassifizierungskriterien bildet einen methodisch fundierten Ansatz. Die folgende Dokumentenanalyse wird durchgeführt, um Lücken im Design effizienter betrieblicher Informationssysteme zu identifizieren, betont aber auch die praktische Relevanz der Studie und ihre potenziellen Auswirkungen auf die Fähigkeiten zukünftiger Fachkräfte. Insgesamt ist eine rigorose Analyse des Themas, die Integration relevanter Literatur und die klare Formulierung von Forschungszielen und -methoden erforderlich, was den wissenschaftlichen Charakter der Diskussion unterstreicht.

Die PRISMA-Methode ist ein etablierter Ansatz für systematische Meta-Literaturforschung. Diese evidenzbasierte Methode wird hauptsächlich in der analytischen Forschung verwendet, um qualitativ hochwertige und transparente Übersichtsartikel zu erstellen. PRISMA steht für „Preferred Reporting Items for Systematic Reviews and Meta-Analyses". Die Methodik besteht aus klaren Richtlinien für die Planung, Durchführung und Berichterstattung systematischer Übersichten (vgl. Ritschl et al. [13]). Zentral für PRISMA ist die transparente Dokumentation jedes Schritts im Forschungsprozess. Dies umfasst die Formulierung einer klaren Forschungsfrage, die systematische Suche in Datenbanken, die Auswahl relevanter Studien, die Bewertung der Studienqualität und die Synthese der Ergebnisse. Das PRISMA-Flussdiagramm visualisiert den Auswahlprozess und verdeutlicht, welche Studien in die Analyse einbezogen oder ausgeschlossen wurden. Die PRISMA-Methode fördert somit einen methodisch stringenten und transparenten Ansatz zur Literaturrecherche, der die Reproduzierbarkeit und Vertrauenswürdigkeit der Ergebnisse verbessert. Forscher können PRISMA als Leitfaden verwenden, um sicherzustellen, dass ihre Metaanalysen und systematischen Übersichten den höchsten wissenschaftlichen Standards entsprechen.

Die Anwendung einer systematischen Meta-Literaturrecherche auf die Frage, wie sich die Entwicklung von Enterprise Resource Planning (ERP)-Systemen in den letzten zehn Jahren entwickelt hat, bedeutet die Anwendung der PRISMA-Methode in den folgenden Schritten:

1. Formulierung der Forschungsfrage
Klare Definition der Frage, zum Beispiel: „Welche Entwicklungen und Trends haben die Entwicklung von ERP-Systemen in den letzten zehn Jahren geprägt?"

2. Protokollentwicklung
Erstellung eines detaillierten Forschungsprotokolls, das die Suchstrategie, Auswahlkriterien, Datenerhebung und Qualitätsbewertung spezifiziert.

1.2 IKT-Strategie und Betrieb

3. Recherche in der Literatur

Durchsuchen relevanter Datenbanken wie „Web of Science" und andere unter Verwendung von Suchbegriffen wie „ERP-Systementwicklung", „Entwicklungstrends", „neue Technologien" und „Innovationen".

4. Anwendung der Auswahlkriterien

Anwendung vordefinierter Kriterien (z. B. Veröffentlichungen der letzten zehn Jahre, Fokus auf ERP-Systementwicklung und technologische Innovationen) zur Filterung der gefundenen Artikel.

5. Datenextraktion

Extraktion relevanter Informationen aus den ausgewählten Studien, einschließlich der beschriebenen Entwicklungen, angewandten Technologien, Herausforderungen und innovativen Ansätze in der ERP-Systementwicklung.

6. Qualitätsbewertung

Bewertung der methodischen Qualität der ausgewählten Studien anhand vordefinierter Kriterien, um sicherzustellen, dass nur zuverlässige und aussagekräftige Informationen in die Analyse einfließen.

7. Synthese der Ergebnisse

Zusammenfassung der Ergebnisse der einzelnen Studien, Analyse von Gemeinsamkeiten, Unterschieden und Entwicklungen im Bereich der ERP-Systementwicklung.

8. Berichterstattung nach PRISMA

Erstellung eines Flussdiagramms gemäß den PRISMA-Richtlinien, das den gesamten Auswahlprozess von der Identifikation bis zur endgültigen Auswahl der Studien transparent dokumentiert.

Die Anwendung der PRISMA-Methode in diesem Kontext gewährleistet eine systematische und transparente Literaturübersicht, die einen klaren Überblick über die Entwicklungen in der ERP-Systementwicklung bietet. Die stringente Methodik ermöglicht es dem Forschungsteam, valide Schlussfolgerungen zu ziehen und mögliche Forschungslücken zu identifizieren. Ein verkürztes Suchergebnis wird entsprechend präsentiert (Tab. 1.1).

Die ausgewertete Trefferliste ist in Tab. 1.2 dargestellt.

Tab. 1.1 PRISMA-Selektoren

Rahmenbedingungen	
Sprache	Deutsch
Beobachtungszeitraum	2020–2023
Schlüsselwörter	
Workflow-Management	2972 Treffer
Prozessmanagement	2559 Treffer

Tab. 1.2 PRISMA-Trefferliste gemäß qualitativer Zusammenfassung

Nr.	Titel
1	Damarowsky, J., Kühnel, S., Seyffarth, T., & Sackmann, S. (2022). Augmented Reality Systems to Support Workflow Execution – Development and Practical Application of a Taxonomy. (Deutsch). *HMD Praxis Der Wirtschaftsinformatik*, 1–24
2	Dumas, M. (2021). *Grundlagen des Geschäftsprozessmanagements*. (Deutsch). Springer
3	Gronwald, K.-D. (2020). *Integrierte betriebliche Informationssysteme. Ganzheitliche, geschäftsprozessorientierte Sicht auf die vernetzte Geschäftsprozesskette ERP, SCM, CRM, BI, Big Data Analytics*. (Deutsch). 3. Auflage. Springer
4	Klischewski, R., & Wetzel, I. (2023). Serviceflow Management. (Deutsch). *Informatik-Spektrum*, 23(1), 38–46
5	Kloppmann, M., Leymann, F., & Roller, D. (2023). Enterprise Application Integration mit Workflow-Management. (Deutsch). *HMD*, 37(213), 23–30
6	Knothe, T., Oertwig, N., Woesthoff, J., Sala, A., Lütkemeyer, M., & Gaal, A. (2021). Resilienz durch dynamisches Prozessmanagement. (Deutsch). *Zeitschrift Für Wirtschaftlichen Fabrikbetrieb*, 116(7–8), 520–524. https://doi-org.pxz.iubh.de:8443/10.1515/zwf-2021-0101
7	Kornahrens, Lars. (2022). DMS-Dokumentenmanagementsystem – Dokumente finden statt suchen. (Deutsch). *Deutsches IngenieurBlatt*, 10, 18
8	Maurer, G. (2022). *Von der Prozessorientierung zum Workflow-Management - Teil 1: Prozessorientierung - Grundideen, Kernelemente, Kritik*. (Deutsch). Gießen University Press
9	Dumas, M., La Rosa, M., Mendling, J., & Reijers, H. A. (2021). *Grundlagen des Geschäftsprozessmanagements*. (Deutsch). Springer
10	Ostheimer, B., & Janz, W. (2022). *Dokumentenmanagementsysteme: Abgrenzung, Wirtschaftlichkeit, rechtliche Aspekte*. (Deutsch). Gießen University Press
11	Peverali, F., & Ullrich, A. (2021). Umweltorientiertes Prozessmanagement: Integration von Umweltmanagement und Nachhaltigkeitsberichtsstandards in eine betriebliche Prozessarchitektur. (Deutsch). *HMD Praxis Der Wirtschaftsinformatik*, 58(1), 181–196
12	Röhrig, K. (2022). Prozessmanagement in der Produktion: Das Manufacturing Execution System als Dreh- und Angelpunkt. (Deutsch). *Factory Innovation*, 4, 32–36
13	Scherzinger, T., Reutlingen, H., Guschlbauer, S., & Diefenbach, F. (2021). IT-unterstütztes Prozessmanagement: Entwicklungsstand und mögliche Anwendungen in der Bauindustrie. (Deutsch). *Industrie 4.0 Management: Gegenwart Und Zukunft Industrieller Geschäftsprozesse*, 37(3), 58–62
14	Scholz, J.-A., Lange, A., Knothe, T., & Busse, D. (2022). Agiles Prozessmanagement mittels Ambidextrie: Entwicklung eines integrierten modellbasierten Assistenzsystems für ambidextre Wertschöpfung in KMU. (Deutsch). *Journal of Economic Factory Operations*, 117(1–2), 46–50
15	Seebacher, U. (2021). *Datengetriebenes Management: Wie man die richtigen Grundlagen legt, bevor man mit Business Intelligence beginnt*. (Deutsch). Springer Gabler
16	Wohlmann, M. (2020). *enablerWorkflows: ein formularorientiertes, dynamisches, webbasiertes Workflow-Management-System basierend auf der Windows Workflow Foundation; enablerWorkflows - A form-oriented, dynamic, web-based workflow-managementsystem based on Windows Workflow Foundation*. reposiTUm. (Deutsch). https://resolver.obvsg.at/urn:nbn:at:at-ubtuw:1-27687

Die Publikationen sind von besonderer Bedeutung für den Transfer in den öffentlichen Sektor, die in Tab. 1.3 kurz skizziert sind.

Das Ranking zeigt die Vielfalt der Aspekte im komplexen Zusammenspiel auf dem Weg zur digitalen Transformation.

Tab. 1.3 PRISMA-Grundlagenwerke im ausgewählten Bereich

Rang 1
Feldbrügge, R. (2021). *Systemic Process Management: Digitizing Companies – Mobilizing Teams*. (Deutsch). *Schäffer-Poeschel*
Die Veröffentlichung befasst sich mit der Digitalisierung und Mobilisierung von Unternehmen. Das Buch bietet einen umfassenden Einblick in das systemische Prozessmanagement und zeigt, wie Organisationen effektiv auf die Herausforderungen der digitalen Transformation reagieren können. Feldbrügge betont die Bedeutung von Teamarbeit und bietet praktische Strategien zur Integration digitaler Technologien. Diese Ressource ist eine wertvolle Informationsquelle für Fachleute, die nach fundierten Ansätzen suchen, um ihre Unternehmen erfolgreich zu machen und Teams im Zeitalter der Digitalisierung zu mobilisieren
Ranking 2
Holz, F., Gibcke, C., Erdmann, S., Fellmann, M., & Lantow, B. (2021). *Human Factors in Workflow Management Systems*. (Deutsch). https://dl.gi.de/server/api/core/bitstreams/ed9dfda5-3bac-4fc4-bd6a-5e7bae588a85/content
Die Quelle von 2021 von Holz, Gibcke, Erdmann, Fellmann und Lantow beleuchtet die Bedeutung menschlicher Faktoren in Workflow-Management-Systemen. Die Autoren betonen, wie diese Systeme den menschlichen Arbeitsablauf beeinflussen und die Effizienz steigern können. Sie untersuchen, wie Benutzerfreundlichkeit, Schnittstellen und Prozessdesign die Produktivität und Zufriedenheit der Mitarbeiter beeinflussen. Die Studie hebt hervor, wie eine gezielte Integration menschlicher Faktoren in die Entwicklung solcher Systeme zu einer verbesserten Arbeitsleistung und Benutzerzufriedenheit führt. Dieser Forschungsbeitrag trägt dazu bei, Workflow-Management-Systeme effektiver zu machen und die alltägliche Arbeit der Nutzer zu optimieren
Ranking 3
Maurer, G., & Schramke, A. (2022). *Workflow Management Systems in Virtual Enterprises*. (Deutsch). Gießen University Press
Die Veröffentlichung untersucht die Anwendung von Workflow-Management-Systemen (WfMS) in virtuellen Unternehmensumgebungen. Die Autoren analysieren die Integration von WfMS in moderne Geschäftsprozesse und betonen die Relevanz virtueller Unternehmen im digitalen Zeitalter. Die Forschung beleuchtet, wie WfMS effiziente Arbeitsabläufe, Kommunikation und Koordination in dezentralen Organisationen unterstützt. Die Studie betont die Bedeutung eines reibungslosen Informationsflusses und der Automatisierung von Prozessen in virtuellen Umgebungen. Die Ergebnisse sind relevant für Organisationen, die ihre Geschäftsprozesse optimieren und den Herausforderungen des virtuellen Arbeitens begegnen wollen
Ranking 4
Schwegmann, A. (2023). Management of complex process models. (Deutsch). *HMD*, *37*(213), 80–88
In heutigen Geschäftsbereichen sind computergestützte Informationssysteme unverzichtbar. Sie liefern Entscheidungsträgern die Informationen, die sie für ihre operativen Aufgaben benötigen. Die Entwicklung solcher Systeme ist jedoch äußerst komplex. Daher liegt der Fokus auf Modellen, die die Struktur und das Verhalten von Informationssystemen darstellen. Diese Informationsmodelle ermöglichen eine gezielte Analyse und Gestaltung der Systeme. Sie leiten Maßnahmen ab, die die Informationssysteme beeinflussen und verändern. Informationsmodelle schaffen somit eine Brücke zwischen Geschäfts- und Organisationskonzepten und deren Umsetzung in der Informationstechnologie. Dieser Artikel diskutiert die Verfahren und Werkzeuge, die zur Erstellung solcher Informationsmodelle erforderlich sind

(Fortsetzung)

Tab. 1.3 (Fortsetzung)

Ranking 5
Zur Mühlen, M., & Uthmann, C. von. (2023). A framework for identifying the workflow potential of processes. (Deutsch). *HMD* , *37*(213), 67–79
Der Artikel bietet ein Rahmenwerk zur Bewertung des Workflow-Potenzials in Geschäftsprozessen. Das Rahmenwerk soll Organisationen dabei helfen, Prozesse zu identifizieren, die von Automatisierung und Optimierung profitieren können. Es basiert auf einer umfassenden Analyse und Klassifizierung von Prozesseigenschaften und ermöglicht eine gezielte Priorisierung von Verbesserungsmaßnahmen. Die Autoren argumentieren, dass die Anwendung dieses Rahmenwerks Organisationen dabei helfen kann, Ressourcen effizienter zu nutzen, Prozesse zu straffen und die Gesamtleistung zu steigern. Diese Arbeit bietet einen wertvollen Beitrag zur Prozessoptimierung und Workflow-Analyse in Unternehmen
Ranking 6
Schröder, H., von Thienen, L., Müller, A., & Homann-Vorderbrück, S. (2020). Working Groups in IT and Process Management: Success Factors of a Successful Theory-Practice Transfer. (Deutsch). *HMD Praxis Der Wirtschaftsinformatik, 57*(2), 244–256
Der Artikel untersucht die Erfolgsfaktoren für einen erfolgreichen Praxistransfer in Arbeitsgruppen im IT- und Prozessmanagement. Die Autoren analysieren, wie theoretische Konzepte in praktische Anwendungen übersetzt werden können. Die Studie betont die Bedeutung einer engen Zusammenarbeit zwischen Theoretikern und Praktikern, um einen reibungslosen Wissenstransfer zu gewährleisten. Die Ergebnisse zeigen, dass klare Kommunikation, gemeinsame Ziele und die Integration von Best Practices entscheidend sind, um eine erfolgreiche Übersetzung von Theorie in Praxis zu ermöglichen. Die Erkenntnisse dieser Arbeit bieten wertvolle Einblicke in Best Practices für den Wissensaustausch im IT- und Prozessmanagement
Ranking 7
Scheele, S., Mau, D., Foullois, D., & Mantwill, F. (2021). *Digital Workspaces in Product Development: Using Action Design, Research, Web to Develop Applications for Productive Collaboration.* (Deutsch). https://api.semanticscholar.org/CorpusID:216161099
Die Veröffentlichung betont die Bedeutung der Nutzung von Webanwendungen für eine produktive Zusammenarbeit in der Produktentwicklung. Die Autoren verwenden die Action Design Research-Methode, um digitale Arbeitsumgebungen zu entwickeln, die in diesem Kontext eine effektive Zusammenarbeit ermöglichen. Das Papier hebt die Notwendigkeit hervor, webbasierte Werkzeuge und Plattformen gezielt zu gestalten, um die Effizienz und Kommunikation in Innovationsprozessen zu verbessern. Diese Forschung ist relevant für Unternehmen, die digitale Lösungen in der Produktentwicklung nutzen möchten, um Wettbewerbsvorteile zu erlangen und Innovationsprozesse zu optimieren.

1.3 Digitale Stadtentwicklung (GIS, Digitaler Zwilling)

Chief Digital Officers (CDOs) treiben auch die urbane Transformation voran, indem sie digitale Stadtsimulationen, geospatiales Management und digitale Zwillinge in den Mittelpunkt ihrer Aktivitäten stellen. Digitale Stadtsimulationen sind leistungsstarke Werkzeuge, die es Städten ermöglichen, komplexe Szenarien und Entwicklungen vorherzusagen und zu planen. CDOs sind für die Implementierung und den Betrieb solcher Simulationsplattformen verantwortlich (vgl. Lu et al. [14]). Ein Beispiel dafür findet sich in Singapur, wo die Stadtverwaltung eine digitale Stadtsimulation nutzt, um den Verkehr zu optimieren, Staus zu reduzieren und

Emissionen zu minimieren. Durch die Simulation von Verkehrsszenarien kann die Stadt die Signalzeiten und Muster der Ampeln in Echtzeit anpassen, um den Verkehrsfluss zu verbessern und die Lebensqualität der Bürger zu steigern.

Das Management von Geodaten ist ein weiterer entscheidender Aspekt der digitalen Stadtentwicklung. CDOs müssen sicherstellen, dass geografische Daten genau erfasst, verwaltet und genutzt werden. Dies ist besonders wichtig für die Erstellung digitaler Zwillinge, virtueller Darstellungen von Städten. Digitale Zwillinge ermöglichen es, Städte in Echtzeit zu überwachen und zu analysieren. CDOs nutzen sie, um bessere Entscheidungen zu treffen, Herausforderungen wie Verkehrsstaus und Umweltauswirkungen zu bewältigen und städtische Dienstleistungen zu optimieren. Die Einführung und Verwaltung digitaler Zwillinge kann auch die Grundlage für innovative Anwendungen wie autonomes Fahren, intelligente Energiemanagementsysteme und Virtual-Reality-Anwendungen schaffen. Diese Technologien verbessern nicht nur die Lebensqualität der Bewohner, sondern stärken auch die Wettbewerbsfähigkeit der Städte im globalen Kontext. Zum Beispiel hat Barcelona digitale Zwillinge genutzt, um ein fortschrittliches Verkehrsmanagementsystem zu implementieren, das autonomes Fahren unterstützt und Verkehrsstaus minimiert (Beispiel adaptiert von Saeed et al. [15]).

Insgesamt sind digitale Stadtsimulationen, geospatiales Management und digitale Zwillinge zentrale Aufgaben für CDOs. Diese Technologien sind entscheidend für die Schaffung intelligenterer, nachhaltigerer und effizienterer Städte. CDOs, die diese Aufgaben erfolgreich bewältigen, sind maßgeblich an der Gestaltung der Zukunft des urbanen Lebens beteiligt.

1.4 Open Government

Public Governance ist ein etablierter Begriff in der Verwaltungswissenschaft und bildet somit die theoretische Grundlage für Open Government-Anwendungen. Der Begriff umfasst im Wesentlichen drei Elemente, die heute in der Praxis zunehmend verbreitet sind.

Das erste Element ist die Transparenz des Open Government, um grundlegende Entscheidungen und Begründungen öffentlich zu machen. Eine passive Öffnung des Staates soll gemäß dem „Information Push-Prinzip" der Open Government Data nach Ginsberg [16] ersetzt werden.

Ein weiteres Element ist die Partizipation, deren niederschwellige und feingliedrige Natur gemäß einem Implementierungsmodell von Mergel und Desouza [17] im eGovernment umgesetzt werden soll. Mit dem kollektiven Wissen der Öffentlichkeit sollen optimierte Prozesse und Dynamiken aufgrund externer Änderungsanforderungen sichergestellt werden.

Laut von Lucke [18] kann Zusammenarbeit als Mittel zur Schaffung von Mehrwert für gemeinsame Finanzierung (Crowd Funding), gemeinsame Wissensarbeit (Crowd Sourcing) oder gemeinsames Monitoring (Crowd Monitoring) zwischen Staat und Bürgern genutzt werden, wenn die Aufgabe hochkomplex ist.

Bezüglich der Anwendungsbeispiele können eine Open Finance-Anwendung zur Darstellung eines öffentlichen Beteiligungshaushalts von Gemeinden, DevOps-Communities für Geoanwendungen als Navigator öffentlicher Dienstleistungen oder sozialer Ereignisse usw. oder Defektdetektoren an öffentlichen Gebäuden via GPS-Tracking genannt werden.

Ein wesentliches Merkmal ist die Einbeziehung der Öffentlichkeit in geeigneten Fallkonstellationen für Anwendungsformen als Alternative zum traditionellen Konzept der Public Governance. Regierungsbehörden müssen beurteilen, inwieweit ein Open Government-Ansatz förderlich für die Suche nach Lösungen für eine neue Art der Aufgabenerfüllung ist, da es auch Grenzen der Partizipation gibt.

In der Präsentation werden die drei Open Government-Merkmale verwendet, um die Frage der Ausrichtung des Verwaltungshandelns für die optionale Einbeziehung von Open Government zu beantworten (Abb. 1.1).

Im Gegensatz zu aufwendigen Online-Plattformen des Staates sollen Leerlaufzeiten für die Feedback-Sammlung vermieden werden. Anstelle formeller Initiativen für Rahmengesetzgebung könnte der Staat auch erwägen, direkte Formen der Demokratie, wie Volksabstimmungen, als möglichen Umfang zuzulassen.

1.5 Entwicklung digitaler Geschäftsmodelle (Investitionen)

Die Digitalisierung bietet Chancen, die Kundenerwartungen durch zusätzliche Effizienz im Entwicklungsprozess zu steigern und somit Kosten zu senken. Einerseits betonen die Ziele des Lean Management die Kundenperspektive, aber auch Effizienzgewinne. Die Philosophie der Lean Digital Transformation sieht auch vor, Dienstleistungen intern mit digitalen Werkzeugen zu entwickeln, sodass Kundennutzen schneller und kostengünstiger geschaffen werden können. Diese digitalen Werkzeuge sollten auch eine End-to-End-Digitalisierung umfassen, um die Wertschöpfungskette zu verbessern (vgl. Satzger et al. [19]).

Datenbasierte Geschäftsmodelle im öffentlichen Sektor haben in den letzten Jahren zunehmend an Bedeutung gewonnen. Die Integration von Datenanalysen und -management in staatliche Institutionen ermöglicht eine effizientere Nutzung von Ressourcen, verbesserte Entscheidungsfindung und einen erhöhten Mehrwert für die Bürger.

Ein wesentliches Merkmal datenbasierter Geschäftsmodelle im öffentlichen Sektor ist die Nutzung von Big Data. Große Mengen an Daten, die von Regierungsbehörden und Institutionen gesammelt werden, können durch fortschrittliche Analysemethoden wie maschinelles Lernen und künstliche Intelligenz verarbeitet werden. Dies ermöglicht genauere Vorhersagen von Bedürfnissen und Trends, was wiederum zu optimierten politischen Entscheidungen führt.

1.5 Entwicklung digitaler Geschäftsmodelle (Investitionen)

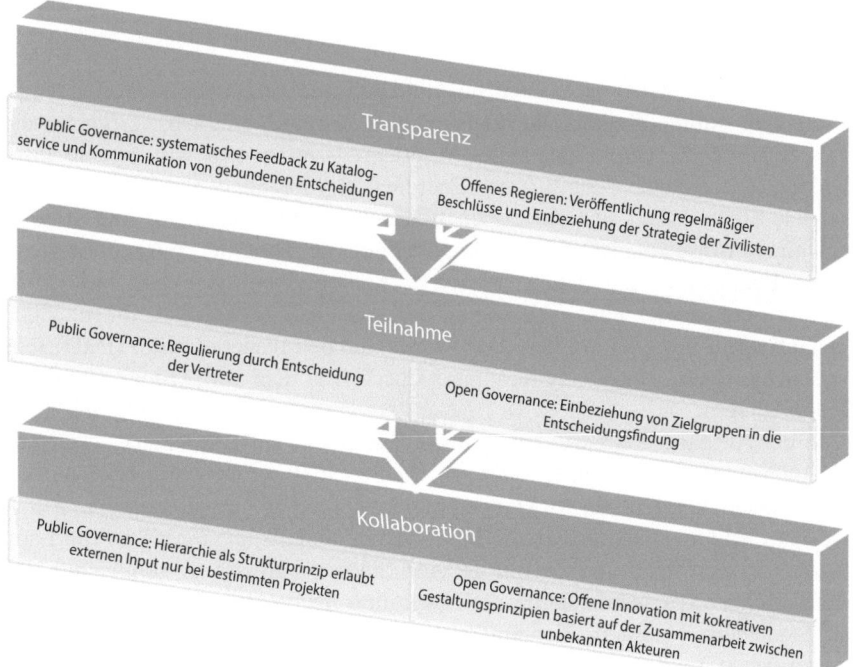

Abb. 1.1 Open Government versus Public Governance

Ein weiterer Aspekt ist die Schaffung von Transparenz und Bürgernähe. Durch die Bereitstellung von Daten über staatliche Aktivitäten können Bürger besser informierte Entscheidungen treffen und aktiv am politischen Prozess teilnehmen. Gleichzeitig fördert Transparenz das Vertrauen in staatliche Institutionen.

Die Implementierung datengetriebener Geschäftsmodelle erfordert jedoch auch die Bewältigung von Herausforderungen wie Datenschutz und ethischen Fragen. Der Schutz persönlicher Informationen und die Entwicklung ethischer Richtlinien sind entscheidend, um das Vertrauen der Bürger in die staatliche Datenverarbeitung zu gewährleisten.

Die Ansätze erfordern ein grundlegendes Umdenken, um Komplexität zu reduzieren und eine Simulation des Verfahrens zu visualisieren. Ähnlich wie bei der Erstellung eines digitalen Zwillings sollen Schritte wie die Bestandsaufnahme der Ausgangssituation und Rahmenbedingungen in einem öffentlichen Modell-Canvas die Grundlage für Managemententscheidungen schaffen. Ziel ist es, die Perspektive des Kunden durch kreative Gruppenmethoden-Moderation zu entwickeln, während Effizienzverbesserungen von internen Experten im Dialog erarbeitet werden. Ein Beispiel für die Entwicklung datenbasierter Geschäftsmodelle im öffentlichen Raum findet sich im Blog „VDZ" [20].

1.6 Smart Cities und Smart Regions

Um die Lebensqualität in Städten mit digitalen und vernetzten Dienstleistungen zu erhöhen, sollten digitale Dienstleistungen, wo immer möglich, verfügbar sein. Dies bedeutet die Umsetzung eines Programms zu Themen wie digitale Infrastruktur, eGovernance, Mobilität und Energie (vgl. Morandi et al. [21]).

Viele Städte haben sich auf diesen Weg begeben und beginnen, eine Strategie und einen Umsetzungsplan für zukunftsorientierte Dienstleistungen mit räumlichen Bezügen zu entwickeln. Neben technologischen Aspekten umfasst die digitale Stadtentwicklung auch soziale und nachhaltige Aspekte, die in einem Gesamtsystem bewertet werden. Das World Competitiveness Center (IMD) führt regelmäßig einen „Smart City Readiness Check" mit dem „IMD Smart City Index Report" durch.

In der Ausgabe 2023 wurden weltweit 141 Städte im Benchmark verglichen. Die Bedeutung des Vergleichsindex der Städte (SCI) beruht weitgehend auf seiner Fähigkeit, zeitliche Entwicklungen mittels Zeitreihen nachzuverfolgen. Bürger und Entscheidungsträger haben die Möglichkeit, die Leistung ihrer Stadt im Laufe der Zeit zu verfolgen und sie mit anderen Städten weltweit zu vergleichen. Die Methodik des SCI wurde durch die Integration neuer datengestützter Umfragen auf Stadtebene optimiert. Konzipiert als Instrument zur Handlungsorientierung, basiert der SCI auf den subjektiven Einschätzungen der Bürger, die in Form von Umfragen erfasst werden. Es ist entscheidend, dass die gesammelten Antworten auf den spezifischen Kontext der untersuchten Städte zugeschnitten sind.

Im Laufe des Jahres 2022 wurde die Möglichkeit in Betracht gezogen, HDI-Daten auf Stadtebene zu integrieren, um einen detaillierteren und realistischeren Einblick in das sozioökonomische Umfeld spezifischer Städte zu bieten. Der Human Development Index (HDI) kombiniert Informationen über Lebenserwartung, erwartete Schuljahre, durchschnittliche Bildungsjahre und das Pro-Kopf-Einkommen der Bürger eines Landes. Bis zu diesem Zeitpunkt hatte der SCI HDI-Informationen auf Länderebene als Proxy verwendet, um die Dimensionen Gesundheit, Bildung und Lebensstandard in jeder Stadt zu bewerten.

Die globalen Ergebnisse des Vergleichs sind geografisch bemerkenswert: Mit Ausnahme von Abu Dhabi und Dubai befinden sich alle Städte in den Top 20 entweder in Europa oder im asiatisch-pazifischen Raum. Auffällig ist, dass amerikanische und afrikanische Städte in diesem Ranking fehlen. Die Größe einer Stadt erweist sich in dieser Hinsicht oft eher als Handicap denn als Vorteil. Dies erklärt, warum viele große Metropolen wie Boston (34.) oder Paris (46.) im Index vergleichsweise niedrig rangieren, obwohl sie in bestimmten Bereichen wie Nachhaltigkeit und Mobilität erhebliche Fortschritte gemacht haben.

Infolgedessen stehen digitale Schulungsmöglichkeiten, digital unterstützte Verkehrskonzepte und das soziale Zusammenleben durch digitale Werkzeuge auf der Agenda für Smart Cities. Generell sollte laut der Studie die Logik der Auswahl und Umsetzung von Maßnahmen nach Förderbürokratie abnehmen, während gleichzeitig eine Wirkungsbewertung mit Umsetzungshilfe etabliert werden sollte.

1.7 Digitale Inkubatoren

Durch neue Möglichkeiten der Datennutzung und Automatisierung durch künstliche Intelligenz steht die Arbeitswelt vor neuen Anforderungen an das Management und die Beziehung zum Mitarbeiter. Die Themen künstliche Intelligenz, Plattformökonomie, digitale Souveränität und Benutzerfreundlichkeit betreffen öffentliche Institutionen ebenso wie eGovernment- und Smart-City-Strategien gleichermaßen.

In dieser Hinsicht sind Trendanalysen, die auf nationalen Digitalstrategien der Nationalstaaten basieren, zunehmend eine Perspektive, die lokale Akteure berücksichtigen müssen, um aktuelle Innovationen auf lokale Anpassungen hin zu überprüfen. Folgende nationale Bemühungen haben bereits eine klare Vision für digitale Infrastrukturen:

- In den USA werden beispielsweise US-Technologieunternehmen in ihrem Potenzial unterstützt, in selbstlernende Algorithmen zu investieren und Speicherkapazitäten und Energieressourcen auszubauen.
- Auch China hat Daten als Treibstoff für die KI-Forschung entdeckt, um die digitale Mobilität im öffentlichen Raum mit Konzepten wie selbstfahrenden Autos und Busflotten auszubauen.
- Japan hat sein nationales Ziel strategisch auf „Society 5.0" ausgerichtet, wonach fast 50 % der Arbeitskräfte auf dem Arbeitsmarkt kontinuierlich durch Roboter oder KI ersetzt werden sollen.
- In Frankreich konzentriert sich die Regierung auf Ausbauprogramme für Industrie 4.0 und Cybersicherheit.
- Das Vereinigte Königreich fördert digitale Start-ups durch Regierungsprogramme.

Südkorea, Dänemark und Finnland gehören ebenfalls zu den weltweit führenden Ländern in Bezug auf innovative eGovernment-Strategien, wobei der rechtliche Rahmen nationaler Digitalgesetze sowie von staatlicher Seite bereitgestellte Infrastrukturkomponenten zur Wiederverwendung berücksichtigt werden müssen, um sie als Rahmenbedingungen in eigenen Entwicklungen wahrzunehmen (vgl. Klievink et al. [22]). Gleichzeitig scheint jedoch ein Austausch über zukunftsorientierte Technologien als Diskussionspunkt auch ein Hebel für Veränderungen über bestehende Städtepartnerschaften zu sein.

1.8 Quartiersentwicklung

In den letzten Jahren ist die städtische Quartiersentwicklung zu einer zentralen Herausforderung für viele Städte weltweit geworden. Unterstützt durch die digitale Transformation und die Rolle des Chief Digital Officer (CDO) eröffnen sich neue Möglichkeiten, Stadtteile effizienter und nachhaltiger zu gestalten (vgl. Caragliu et al. [23]).

In dieser Arbeit werden Stadtteile als grundlegende räumliche Einheiten in urbanen Regionen betrachtet, die entscheidend für die Wahl des Wohnortes und die Lebensqualität der Bewohner sind (vgl. Florida [24]). Im Zeitalter der Digitalisierung streben Städte und Gemeinden danach, die Lebensqualität ihrer Bürger zu verbessern und Ressourcen effizienter zu nutzen. CDOs spielen eine entscheidende Rolle bei der Integration von Smart Services in die Quartiersentwicklung. Dies umfasst die Einführung von Technologien, die die Sicherheit, Energieeffizienz, Mobilität und Kommunikation im Stadtteil verbessern. Beispielsweise können intelligente Straßenbeleuchtungssysteme, vernetzte Abfallentsorgung und digitale Nahverkehrssysteme die Lebensqualität verbessern und die Umweltbelastung reduzieren (vgl. Nam und Pardo [25]).

Ein weiterer wichtiger Aspekt der städtischen Quartiersentwicklung durch Smart Services ist die Sammlung und Analyse von Daten. CDOs sind dafür verantwortlich, Datenstrategien zu entwickeln, um Informationen aus verschiedenen Quellen zu sammeln und zu analysieren. Diese Daten können verwendet werden, um fundierte Entscheidungen über Infrastruktur, Bedürfnisse der Bewohner und Ressourcennutzung zu treffen. Beispielsweise können Sensoren in Gebäuden und auf Straßen Echtzeitdaten liefern, die zur Optimierung der Energieeffizienz und des Verkehrsmanagements genutzt werden können.

Die Integration von Smart Services in die Quartiersentwicklung fördert auch Nachhaltigkeit und Bürgerbeteiligung. CDOs können Plattformen entwickeln, die es den Bewohnern ermöglichen, aktiv an der Gestaltung ihres Stadtteils mitzuwirken. Dies schafft nicht nur ein stärkeres Gemeinschaftsgefühl, sondern ermöglicht es den Bürgern auch, Vorschläge zur Verbesserung der Lebensqualität in ihrem Stadtteil zu machen. Die Implementierung nachhaltiger Technologien, wie erneuerbare Energien und grüne Mobilitätsoptionen, trägt zur Reduzierung des ökologischen Fußabdrucks bei (vgl. Angelidou et al. [26]).

Insgesamt ist die Entwicklung von Stadtteilen durch Smart Services eine spannende und vielversprechende Aufgabe für CDOs. Ihre Fähigkeit, innovative Technologien, Datenanalysen und Bürgerbeteiligung zu kombinieren, kann dazu beitragen, Stadtteile lebenswerter, nachhaltiger und zukunftsorientierter zu gestalten.

Literatur

1. J. Torfing, Collaborative innovation in the public sector: the argument. Public Manag. Rev. **21**(1), 1–11 (2019)
2. J.D. Twizeyimana, A. Andersson, The public value of E-Government – a literature review. Gov. Inf. Q. **36**(2), 167–178 (2019)
3. C. Freeman, *The Economics of Industrial Innovation* (MIT Press, 1982)
4. H. Chesbrough, *Open Innovation: The New Imperative for Creating and Profiting from Technology* (Harvard Business Press, 2003)

5. J. Tidd, J. Bessant, K. Pavitt, *Managing Innovation: Integrating Technological, Market, and Organizational Change* (Wiley, 2005)
6. D.J. Teece, Explicating dynamic capabilities: the nature and microfoundations of (sustainable) enterprise performance. Strateg. Manag. J. **28**(13), 1319–1350 (2007)
7. W.M. Cohen, D.A. Levinthal, Absorptive capacity: a new perspective on learning and innovation. Adm. Sci. Q. **35**(1), 128–152 (1990)
8. Z. Wang, P. Liu, Y. Xiao, X. Cui, Z. Hu, L. Chen, A data-driven approach for process optimization of metallic additive manufacturing under uncertainty. J. Manuf. Sci. Eng. **141**(8), 081004 (2019)
9. BARC, Data, BI and Analytics Trend Monitor 2023. The world's largest survey of data, BI and analytics trends (2023). https://barc.com/de/research/data-bi-analytics-trend-monitor-2023/
10. R. Neuburger, M. Fiedler, Zukunft der Arbeit – implikationen und Herausforderungen durch autonome Informationssysteme. Schmalenbachs Z. betriebswirtsch. Forsch. **72**(3), 343–369 (2020)
11. H. Kempter, H. Peters, *Betriebliche Informationssysteme: Datenmanagement und Datenanalyse* (Kohlhammer, 2017)
12. X. Ferràs-Hernández, The future of management in a world of electronic business. J. Manag. Inq. **27**(2), 260–263 (2018)
13. V. Ritschl, L. Sperl, T. Stamm, P. Putz, A. Sturma, V. Ritschl, V. Ritschl, Übersicht über bestehende Literatur: (Literatur) Reviews, in *Wissenschaftliches Arbeiten und Schreiben: Verstehen, Anwenden, Nutzen für die Praxis*, Hrsg. by V. Ritschl (2023), S. 233–249
14. G. Lu, M. Batty, J. Strobl, H. Lin, A.X. Zhu, M. Chen, Reflections and speculations on the progress in geographic information systems (GIS): a geographic perspective. Int. J. Geogr. Inf. Syst. **33**(2), 346–367 (2019)
15. Z.O. Saeed, F. Mancini, T. Glusac, P. Izadpanahi, Future city, digital twinning and the urban realm: a systematic literature review. Buildings **12**(5), 685 (2022)
16. W. Ginsberg, The Obama Administration's Open Government Initiative: Issues for Congress. CRS Report for Congress Prepared for Members and Committees of Congress (2011). https://www.fas.org/sgp/crs/secrecy/R41361.pdf
17. I. Mergel, K.C. Desouza, Implementing open innovation in the public sector: the case of challenge.gov. Public Adm. Rev. **73**(6), 882–890 (2013). https://doi.org/10.1111/puar.12141
18. J. von Lucke, *Open Government Collaboration – Offene Formen der Zusammenarbeit beim Regieren und Verwalten* (Zeppelin University Press, 2012)
19. G. Satzger, K. Möslein, T. Böhmann, R. Schüritz, F. Hunke, S. Seebacher, C. Eckerle, Geschäftsmodelle 4.0: Baukasten zur Entwicklung datenbasierter Geschäftsmodelle (2018). https://publikationen.bibliothek.kit.edu/1000092545
20. C. Schachtner, Smart Governance durch SDDI-Pilotkommunen – Teil 2: Die Geschäftsmodellentwicklung einer Datengenossenschaft (2020), https://www.vdz.org/digitale-verwaltung/smart-governance-durch-sddi-pilotkommunen-teil-2-die
21. C. Morandi, A. Rolando, S. Di Vita, *From Smart City to Smart Region: Digital Services for an Internet of Places* (Springer, 2016)
22. B. Klievink, A. Neuroni, M. Fraefel, A. Zuiderwijk, Digital strategies in action: a comparative analysis of national data infrastructure development, in *Proceedings of the 18th Annual International Conference on Digital Government Research*, June 2017, S. 129–138
23. A. Caragliu, C. Del Bo, P. Nijkamp, Smart cities in Europe. J. Urban Technol. **18**(2), 65–82 (2011)
24. R. Florida, *Who's Your City?: How the Creative Economy Is Making Where to Live the Most Important Decision of Your Life* (Basic Books, 2008)
25. T. Nam, T.A. Pardo, Smart city as urban innovation: focusing on management, policy, and context. Smart Cities **2**(1), 4–14 (2011)
26. M. Angelidou, A. Psaltoglou, N. Komninos, C. Kakderi, P. Tsarchopoulos, A. Panori, Enhancing sustainable urban development through smart city applications. J. Sci. Technol. Policy Manag. **8**(2), 146–168 (2017)

Kapitel 2
Methodische Handlungsfelder der digitalen Transformation

Ein entscheidender Erfolgsfaktor für die digitale Transformation als übergeordnetes Ziel der Position des Chief Digital Officer ist die Akzeptanz und Überzeugung der Mitarbeiter in allen Bereichen der Institutionen, sich aktiv mit Veränderungen im Arbeitsalltag auseinanderzusetzen. Mitarbeiter sind oft Opfer von Stereotypen und in ihrem System gefangen, oder bestimmte Bilder von Menschen werden in Rekrutierungsprozessen vermittelt und von ihnen angezogen. Zum Beispiel beschreibt Rainey [1], dass Menschen, die im öffentlichen Sektor arbeiten, im Durchschnitt weniger innovativ sind als diejenigen, die im privaten Sektor arbeiten. Die Gründe dafür sind die wettbewerbsorientierte Ausrichtung und die Möglichkeit, Mitarbeiter aufgrund der wirtschaftlichen Lage freizusetzen. Andererseits sind Beamte aufgrund der stabilen Personalzusammensetzung und des Mangels an Anreizen zum Ideenaustausch risikoscheu. Diese Perspektive stammt aus den grundlegenden Wirtschaftstheorien, die auf Schumpeters Idee der kreativen Zerstörung basieren (vgl. Conway [2]).

Gleichzeitig konnte seit den späten 1990er Jahren keine Branche so häufige Reformen bewältigen, um die Idee der Leistungssteigerung im öffentlichen Dienst [3] und die Idee des offenen Dialogs zwischen Regierungen, Bürgern und Unternehmen [4] zu fördern. Die zugrunde liegende Idee der Innovationsmodelle stammt ebenfalls aus der Wirtschaftsliteratur. Gleichzeitig punktet der öffentliche Sektor in dieser Bewertung in der Logik des überorganisatorischen Wissenstransfers, da es keinen Wettbewerb zwischen den Behörden gibt, wie Barney [5] beschreibt.

Dementsprechend soll die auch in öffentlichen Institutionen anstehende digitale Transformation zukünftige Herausforderungen identifizieren, die Nutzung innovativer Arbeitsformen fördern und die oben beschriebenen Werte in die inhaltliche Fokussierung der Verwaltungsdigitalisierung einbringen.

In der VUCA-Welt gerät das klassische weberianische Verwaltungsmodell zunehmend unter Argumentationsdruck, da insbesondere ein Verzicht auf „Silodenken" als strukturgebendes Element der Hierarchie unter sich ändernden Rahmenbedingungen kontraproduktiv ist (vgl. z. B. Schedler und Proeller [6], S. 17ff.). Der Begriff Agilität stammt aus der Softwareentwicklung (zur agilen Softwareentwicklung vgl. z. B. Lemke et al. [7], S. 305) und hat sich als Leitkonzept im Kontext eines neuen Paradigmas durch die Managementpraxis etabliert (vgl. Hill [8], S. 402).

Die Etablierung eines „agilen Mindsets" dient dazu, traditionelle Ansätze zugunsten neuer Formen der Arbeitsgestaltung und des Experimentierens aufzugeben. Im Hinblick auf Verwaltungsprüfungen kann die Einführung sogenannter Experimentierklassen auch als erweiterter Handlungsrahmen oder als Formen der Arbeitsteilung zwischen Behörden im Rahmen des Gesetzgebungsprozesses eingeführt werden (vgl. Hill [9]).

Agile Verwaltungen im Sinne dieser Definition sind in Deutschland äußerst selten (vgl. Bearing Point [10], S. 3), zumindest wenn der Fokus auf dem „Normalmodus" und nicht auf dem „Krisenmodus" liegt (Bearing Point [11], S. 5). Der Grund dafür könnte sein, dass eine Veränderung der Arbeitsorganisation die Bereitschaft erfordert, mit einer neuen Kultur der Arbeit, Führung und Zusammenarbeit zu experimentieren.

Bearing Point hat Faktoren identifiziert, die die Agilität einer Verwaltung erhöhen können. Zwei dieser Faktoren, bekannt als Hebel, befassen sich mit dem Konzept der Strategie und für diese beiden Konzepte und Beispiele werden zunächst vorgestellt:

1. Das Modell des strategischen Managements nach Grant [12] bietet strategisches Management mit Elementen eines offeneren Managements, indem klassische Elemente des strategischen Managements, nämlich Vision, Motto und Leitbild, implizit in strategische Ziele integriert werden. Das bedeutet, dass allgemeine Ziele nicht nach der SMART-Formel formuliert werden, sondern Leitprojekte identifiziert und nur die optimal erreichten Endzustände messbar gestaltet werden.
2. Strategisches Personalmanagement als flexibler Kommunikationsdienst im Rahmen von Führungsworkshops. Ein Leitprinzip für zukünftige Führung muss jährlich durch Prototyping, Storytelling und Storywriting entwickelt werden (vgl. Richenhagen [13]). Darüber hinaus sollten auch operative Ebenen diese Werkzeuge nutzen, um beispielsweise detaillierte Stellenbeschreibungen durch offenere Kompetenz- und Lernprofile zu ersetzen, um ein Lernsystem aufzubauen.

2.1 Co-Kreation und Innovationslabore

Im Kontext von Innovationslaboren werden Managementmethoden gesucht, um Komplexität, Mehrdeutigkeit und Veränderungsdynamik besser zu berücksichtigen (vgl. Petry [14], S. 70). In geschützten Umgebungen sollen Experimente in laborähnlicher Weise durchgeführt werden, um bewährte Ideen zu konsolidieren. Ziele können so aussehen:

- Das Ziel ist es, durch Vernetzung (Teams), Offenheit (Austausch) und Nutzung von Partizipation (Einbindung von Stakeholdern) die Richtung des organisatorischen Handelns schnell ändern zu können.
- Dies basiert auf den tatsächlichen Bedürfnissen der Kunden und Bürger.
- Die Logik des Prozesses in der Praxis, gemäß dem Idealbild der lernenden Organisation, lautet: entwickeln, ausprobieren, scheitern, erneut versuchen, wieder scheitern, erneut versuchen, Erfolg haben.
- Teamarbeit auf Augenhöhe soll in weitgehend nicht-hierarchischen Entwicklungen (sogenannte Sprints) erreicht werden, frühzeitiges und regelmäßiges Feedback von der Zielgruppe.

Um die Geschwindigkeit bei der Reaktion auf Veränderungen, Offenheit und Transparenz in Strukturen, Prozessen, Zielen und Entscheidungen sowie eine andere Fehlerkultur zu testen, müssen verschiedene Ansätze zur Agilität in der Ideengeschichte im Kontext der Verwaltungstätigkeit umgesetzt werden.

Neben neuen Arbeitsmodellen und ortsunabhängigen Arbeitsplätzen müssen die Eignung von Regelaufgaben und Projekten von Führungskräften in Innovationslaboren bewertet werden. Zur Einschätzung des Komplexitätsgrades kann die Stacey-Matrix verwendet werden, die auch als Cynefin-Modell bekannt ist. Das walisische Wort „Cynefin" bedeutet wörtlich „Lebensraum" und steht metaphorisch für die Erkenntnis, dass jedes System das Ergebnis seiner evolutionären Geschichte ist, jedoch aufgrund unbekannter Einflussfaktoren keinen Endzustand erreichen kann (vgl. Snowden und Boone [15]).

Die Klassifikationslogik von Maßnahmen und Projekten basiert auf folgendem Schema, wobei Projekte in der Regel ab der zweiten Stufe nach klassischem Projektmanagement und ab der dritten Stufe nach agilem Projektmanagement angewendet werden sollen (Tab. 2.1).

Je komplizierter oder komplexer die Entscheidungssituation ist, desto geeigneter sind Mischformen nach agilen Priorisierungs- und Koordinationsprinzipien in interdisziplinären Projektgruppen sowie die Erforschung der Erfahrungen anderer öffentlicher Organisationen (vgl. Richenhagen [16]).

Die agilen Methoden des Design Thinking und Kanban entsprechen den Implementierungslogiken der sukzessiven Konkretisierung und Entwicklung von Innovationen in Innovationslaboren, erfordern jedoch keinen obligatorischen Wechsel in Management- und Teamstrukturen, wie es beispielsweise bei Scrum erforderlich ist. Ein Schulungskonzept mit Multiplikatoren nach dem „Train-the-Trainer"-Prinzip, Best-Practice-Beispiele entwickelter Prototypen können ebenfalls Teil eines Gesamtsystems der Transformation zur Entwicklung von Dokumentationsstandards werden.

Tab. 2.1 Cynefin-Modell (eigene Beschreibung, basierend auf der Idee von Snowden und Boone [15])

Domäne	Ursache-Wirkung	Handlungsstrategie
Einfach – klar, bekannt, offensichtlich	Eindeutig, linear wenige Variablen	**S-C-R: erfassen, kategorisieren, reagieren** Orientierung an Best Practices, Regeln befolgen, „einfach anfangen", Checklisten
Fortgeschritten – kompliziert, erkennbar	Einzigartig, lineare Variablen	**S-A-R: erfassen, analysieren, reagieren** Gute Praktiken, Analyse durch Experten, Suche nach Know-how-Quellen, Planung auf Basis optimaler Bedingungen
Komplex	Mehrdeutig, nichtlineare Variablen	**P-S-R: erkunden, erfassen, reagieren** Emergente Praktiken oder exaptive Entdeckung. Das bedeutet beobachten, ausprobieren, anpassen, Erfahrungen sammeln
Chaotisch	Instabil, nichtlineare viele Variablen	**A-S-R: handeln, erfassen, reagieren** Neue Praktiken. Das bedeutet, entschlossen und schnell handeln, das System stabilisieren und in „komplexe Methoden" überführen

2.2 Forschungs- und Entwicklungsprojekte

Der öffentliche Sektor ist das Ziel von Forschungs- und Transferprojekten in einer Vielzahl von Disziplinen. In dieser Hinsicht sollten sich CDOs auch mit verschiedenen Studien und Umfragen befassen. Insbesondere ist jedoch der technologische Bereich charakteristisch, zusammen mit dem organisatorischen Untersuchungsbereich (vgl. Martini [17]).

Gleichzeitig kann eine Unternehmenskultur, die Wandel, Wachstum und Innovation ermöglicht und beschleunigt, nur dann ermöglicht werden, wenn eine agile IKT-Infrastruktur bereitgestellt wird. Disruptive Technologien verändern den Einfluss der Mitarbeiter auf Geschäftsprozesse, indem sie Anpassungen und Workflows als Mitentwickler in ihrem eigenen Fachgebiet ermöglichen. In einem „Zustand der digitalen Transformation" liegt der Fokus auch auf der sich verändernden Arbeitswelt durch flexible Softwarelösungen und dem Abschied von starren Modullösungen.

Flexibilität ist besonders vorteilhaft in der Anwendungslandschaft, wenn Workflows schnell an neue Trends angepasst werden müssen. Die verantwortliche Position des CDO erfordert daher eine gewisse Initiative für den Vorstoß zur digitalen

Transformation. Zu diesem Zweck ist auch die Zusammenarbeit mit der Wissenschaft eine Option, um den Weg zur lokalen Optimierung zu finden. Ein weiteres Forschungsfeld ist die Etablierung regulatorischer Standards für Datensicherheit gemäß den Anforderungen der DSGVO. Anreize für die Modernisierung einer cloudbasierten Bereitstellung von Infrastrukturkomponenten können ebenfalls als Gestaltungsbereich mit öffentlichen Datensätzen genannt werden, insbesondere im Hinblick auf den Datentransfer. Ein Feld der Organisationskultur, das intern durch empirische Forschung etabliert werden soll, beispielsweise zu Themen des Widerstands gegen Veränderungen und Compliance-Bedenken, erfordert die Entwicklung institutioneller Positionen. Aber auch gründliche Kundenforschung als Abbild der eigenen Autorität kann zum Transformationsdruck beitragen. Netzwerke gelten als geeignetes Mittel zum Aufbau einer Innovationskultur. Um komplexe Probleme anzugehen, können Akteure aus unterschiedlichen Hintergründen verbindende Elemente entdecken. Dies kann als systematische Infrastruktur zur Informationssammlung für eine effiziente Trendumsetzung genutzt werden.

Es fehlt auch an Verhaltenswissen über die Innovationsfähigkeit lokaler Regierungen in Bezug auf die Rolle formaler Positionsinhaber in informellen Netzwerken. Welche weiteren Effekte mit der Präsenz starker interner und externer Netzwerke verbunden sind, muss weiter untersucht werden, um innovative Ideen und Praktiken zu verbreiten.

2.3 Fördermittelmanagement

In diesem Zusammenhang gewinnt die Rolle des Chief Digital Officer (CDO) an Bedeutung, da er weitgehend für das erfolgreiche Fördermittelmanagement verantwortlich ist (vgl. Davison et al. [18]). Zu seinen Aufgaben gehören die Identifizierung von Finanzierungsmöglichkeiten, die Vorbereitung von Föderanträgen sowie die Überwachung und Abrechnung der erhaltenen Mittel (vgl. Kunisch et al. [19]). Diese Aufgaben erfordern ein tiefes Verständnis der digitalen Landschaft sowie der relevanten Förderprogramme und -quellen.

Die effektive Nutzung von Subventionen stellt CDOs vor mehrere Herausforderungen. Dazu gehört die Notwendigkeit, komplexe Anforderungen und Richtlinien zu verstehen, um erfolgreiche Anträge einzureichen, sowie die Fähigkeit, Mittel effizient und transparent zu verwalten. Darüber hinaus müssen CDOs sicherstellen, dass die finanziellen Ressourcen im Einklang mit den strategischen Zielen und Initiativen stehen, die im Rahmen der digitalen Transformation festgelegt wurden.

Ein konkretes Beispiel für diese Herausforderungen findet sich im Gesundheitssektor. Angenommen, ein Krankenhaus möchte seine digitale Gesundheitsakte einführen, um die medizinische Versorgung zu optimieren. Der CDO des Krankenhauses muss Finanzierungsmöglichkeiten für dieses Projekt identifizieren. Dabei stößt er auf komplexe rechtliche Anforderungen und Datenschutzrichtlinien, die bei der Beantragung von Fördermitteln berücksichtigt werden müssen. Er muss auch sicherstellen, dass die Mittel transparent und effizient verwendet werden, um ihren vorgesehenen Zweck zu erreichen (vgl. Kunisch et al. [19]).

Auf der positiven Seite bieten Fördermittel CDOs die Möglichkeit, Finanzierung für Innovationsprojekte zu sichern, die sonst nicht realisierbar wären. Sie tragen zur Steigerung der Wettbewerbsfähigkeit bei, fördern die technologische Entwicklung und unterstützen die Schaffung digitaler Ökosysteme.

Ein inspirierendes Beispiel dafür ist die Stadt Barcelona, die mit Hilfe eines CDO erfolgreich Fördermittel für ihr „Smart City"-Projekt akquirierte. Mit diesen Mitteln konnten sie die städtische Infrastruktur modernisieren, indem sie IoT-Sensoren für Verkehrsüberwachung, Energieeffizienz und Abfallmanagement implementierten. Diese Innovationen erhöhten die Wettbewerbsfähigkeit der Stadt, optimierten die Ressourcennutzung und führten zu nachhaltigem Wachstum (vgl. Davison et al. [18]).

Diese Beispiele veranschaulichen, wie CDOs in verschiedenen Branchen das Fördermittelmanagement als Schlüsselrolle nutzen, um komplexe Projekte zu realisieren und die digitale Transformation erfolgreich voranzutreiben.

2.4 Bürgerwissenschaft und Service-Level-Umfragen

Empirische eGovernment-Forschung existiert seit der Verwaltungsreform in den frühen 2000er Jahren als Teil der deskriptiven Forschung zu IKT-Einsatzszenarien (vgl. Ziemba et al. [20]) oder Erfolgskriterien für die Nutzergewinnung (vgl. Matheus et al. [21]).

Nach aktueller Meinung der Disziplin sind die Auswirkungen über KPIs oder OKRs als Messindikatoren zur Schaffung der Grundlage eines Benchmark-Ökosystems vielversprechende Ansätze für eine erfolgreiche offene Entwicklerkultur der digitalen Transformation. Dies perpetuiert jedoch auch implizit das Vorurteil, dass volltransaktionale Systeme mit erhöhter Interaktion mit Bürgern automatisch zu einem akzeptierteren Service führen (vgl. Chun et al. [22]). So genannte Service-Level-Umfragen klassifizieren den Umfang der Beteiligung an der Entwicklung.

Die Weiterentwicklung der eGovernment-Logiken basiert teilweise auf Governance-Phasenmodellen mit Elementen der Information, Interaktion und Transaktion und adressiert Wertbezüge verschiedener sozialer Gruppen. Es wird auch davon ausgegangen, dass eine kontinuierliche Modifikation analoger oder teilweise digitalisierter Prozesse erforderlich ist. Das Paradigma veränderter Organisationsmodelle mit einer konkreten Ergebnisorientierung im Sinne der „Großen Transformation", d. h. sozialer Ziele nach Bannister und Connolly [23], dient als regulatorischer Rahmen.

Ein CDO soll die Personal- und Qualifikationsentwicklung sowie die Infrastruktur der Dienstleistungen intern optimieren. Gleichzeitig soll eine Daten-Governance gebildet werden, damit Komponenten des „Internet der Dinge (IoT)" auch von Nutzern im öffentlichen Raum betrieben werden können. So genannte

Bürgerwissenschaft soll Inhaltsindikatoren der Nutzergruppe in den Punkten der beteiligten Personengruppen, der Prozessstandardisierung und der Datenverarbeitung in der Interaktion im offen Entwicklungsprozess gewinnen. In dieser Hinsicht können vier Elemente innerhalb der Entwicklungslogik um ein nutzerzentriertes Setting unterschieden werden:

1. Menschen verbinden: interdisziplinäre Teams zur Wertschöpfung bilden
2. Prozessneugestaltung: lebenszyklusorientierte Phasen der Dienstleistungserstellung
3. Datengetriebene Governance: Entscheidungsfindung unterstützt durch Bots oder intelligente Dienste
4. Digitale Versorgungsdienste: physisch verbundene IoT-Dienste mit Sensoren oder robotischen Anwendungen.

Wearables und Plattformtechnologien, wie maschinelles Lernen, sollen es ermöglichen, den nächsten Schritt in der Transformation über weitere komplexe Datenmanagementszenarien aus einer Vielzahl von Quellen zu automatisieren.

Der methodische Ansatz umfasst einen explorativen Ansatz zur Bestimmung von Anwendungsfällen. Praktiker können daher nicht verpflichtet werden, gültige Umfrageeinstellungen mit abstrahierten Erkenntnissen methodisch nutzbar für die Domäne zu bestimmen. Die empirischen Ergebnisse werden nicht auf umfassenden theoretischen Grundlagen der Forschungsdisziplinen der öffentlichen Verwaltung, Informatik oder des Managements basieren können. Durch qualitative Inhaltsanalyse nach Mayring [24] kann jedoch die Clusterbildung zur Weiterentwicklung der interdisziplinären Untersuchungsobjekte gefördert werden.

Die ersten Ansatzpunkte für Handlungsinstrumente zur Profilierung eines regionalen CDO, einer Größenklasse der europäischen NUTS-Ebene 3, d. h. Kommunen mit bis zu 180.000 Einwohnern, basierend auf einer Intensitätsbewertung verschiedener Studien, finden sich in Schachtners [25] Modell der Public Digital Transformation Governance.

Literatur

1. H.G. Rainey, *Understanding and Managing Public Organizations*, 4. Aufl. (Jossey-Bass, 2009)
2. E. Conway, Schöpferische Zerstörung, in *50 Schlüsselideen Wirtschaftswissenschaft* (Springer, 2011)
3. C. Hood, The „new public management" in the 1980s: variations on a theme. Acc. Organ. Soc. **20**(2–3), 93–109 (1995)
4. T. Bovaird, Beyond engagement and participation: user and community coproduction of public services. Public Adm. Rev. **67**(5), 846–860 (2007)
5. J.B. Barney, Resource-based theories of competitive advantage: a ten-year retrospective on the resource based view. J. Manag. **27**(6), 643–650 (2001)
6. K. Schedler, I. Proeller, *New Public Management*, 5th edn. (Haupt, 2011)
7. C. Lemke, W. Brenner, K. Kirchner, *Einführung in die Wirtschaftsinformatik. Band 2: Gestalten des digitalen Zeitalters* (Springer Gabler, 2017)

8. H. Hill, Wirksam verwalten – Agilität als Paradigma der Veränderung. Z. Verwalt. Verwalt. Verwalt. **106**(4), 397–416 (2015)
9. H. Hill, Agiles Verwaltungshandeln im Rechtsstaat. Die Öffentliche Verwalt. Z. Öffentliches Recht Verwaltungswissenschaften **13**(1), 497–504 (2018)
10. Bearing Point, Studie Business Agility – Bedeutung von Agilität in der Verwaltung – Red Paper (2015). http://toolbox.bearingpoint.com/ecomaXL/files/DI-15005_BEDE15_0972_WP_DE_Agilitaet_final_web.pdf?download=1
11. Bearing Point, Fünf Hebel für eine Agile Verwaltung – White Paper (2013). https://www.bearingpoint.com/de-de/unsere-expertise/insights/fuenf-hebel-fuer-eine-agile-verwaltung/
12. R. Grant, *Moderne Strategische Unternehmensführung – Konzepte, Analysen und Techniken* (Wiley, 2014)
13. G. Richenhagen, Strategisches Personalmanagement in öffentlichen Verwaltungen: Was muss der Praktiker wissen?, Chap. 3/2.25, in *Erfolgreiches Verwaltungsmanagement – Ressourcen nutzen, Abläufe optimieren, zukunftsorientiert planen*, Hrsg. by S. Scholer, J.H. Fischer, C. Schaefer (Weka Media, 2016)
14. T. Petry, Digital Leadership – Unternehmens- und Personalführung in der Digital Economy, in *Digital Leadership – Erfolgreiches Führen in Zeiten der Digital Economy*, Hrsg. by T. Petry (2016), S. 65–72
15. D.J. Snowden, M.E. Boone, A leader's framework for decision making. Harv. Bus. Rev. **85**(11), 68 (2007)
16. G. Richenhagen, Teamfähigkeit und andere Kompetenzen in agilen Organisationen, in *Wissen schmeckt – Die Magie der Wissenschaften beim Kochen erklärt – mit 17 Rezepten*, Hrsg. by A. Ghadiri, T. Vilgis, T. Bosbach (Springer, 2018), S. 319–334
17. M. Martini, Digitalisierung als Herausforderung und Chance für Staat und Verwaltung: Forschungskonzept des Programmbereichs "Transformation des Staates in Zeiten der Digitalisierung" (2016). https://dopus.uni-speyer.de/frontdoor/deliver/index/docId/1462/file/DP-085.pdf
18. R.M. Davison, L.H. Wong, J. Peng, The art of digital transformation as crafted by a chief digital officer. Int. J. Inf. Manage. **69**(1), 102617 (2023)
19. S. Kunisch, M. Menz, R. Langan, Chief digital officers: an exploratory analysis of their emergence, nature, and determinants. Long Range Plan. **55**(2), 101999 (2022)
20. E. Ziemba, T. Papaj, R. Żelazny, M. Jadamus-Hacura, Factors influencing the success of e-government. J. Comput. Inf. Syst. **56**(2), 156–167 (2016)
21. R. Matheus, M. Janssen, T. Janowski, Design principles for creating digital transparency in government. Gov. Inf. Q. **38**(1), 101550 (2021)
22. S.A. Chun, L.F. Luna-Reyes, R. Sandoval-Almazán, Collaborative e-government. Transform. Gov. People Process Policy **6**(1), 5–12 (2012)
23. F. Bannister, R. Connolly, ICT, public values and transformative government: a framework and programme for research. Gov. Inf. Q. **31**(1), 119–128 (2014)
24. P. Mayring, Qualitative content analysis: theoretical background and procedures, in *Approaches to Qualitative Research in Mathematics Education: Examples of Methodology and Methods* (Springer, 2015)
25. C. Schachtner, The role „chief digital officer (CDO)" in public municipalities – the conceptual effect of a functional profile for successful transformation. Smart Cities **6**(2), 809–818 (2023). https://doi.org/10.3390/smartcities6020039

Kapitel 3
Ableitung eines Wirkungskonzepts für CDOs im öffentlichen Sektor

In mehreren nachfolgenden Modulen soll die Eignung für die Rolle des Chief Digital Officer in öffentlichen Behörden nun als Innovator für Trendimplementierung und Transformation interner organisatorischer Handlungsfelder benannt werden.

Der Chief Digital Officer (CDO) im öffentlichen Sektor kann auf verschiedenen Ebenen der Transformation arbeiten und Verwaltungsstrukturen, Netzwerke und Führungskonzepte im Zeitalter der Digitalisierung gestalten. Diese Position ist wesentlich, um die Vision und Mission des öffentlichen Sektors auf die Herausforderungen des digitalen Zeitalters vorzubereiten und ihm die notwendige Agilität zu verleihen. Diese Transformation erstreckt sich über verschiedene Dimensionen und erfordert eine ganzheitliche Sichtweise.

Eine wesentliche Veränderung betrifft die Organisationsstrukturen im öffentlichen Sektor. Traditionelle hierarchische Modelle werden zugunsten flexiblerer und agilerer Strukturen überdacht. Der CDO spielt eine Schlüsselrolle bei der Transformation der Regierung, indem er eine Kultur der Innovation fördert und agile Arbeitsweisen übernimmt. Dies umfasst die Schaffung interdisziplinärer Teams, die in der Lage sind, schnell auf Veränderungen zu reagieren und innovative Lösungen zu entwickeln.

Die Vernetzung von Behörden und anderen relevanten Akteuren ist ein weiteres zentrales Element der digitalen Transformation im öffentlichen Sektor. Der CDO ist verantwortlich für den Aufbau und die Pflege der notwendigen Netzwerke. Dies umfasst die Zusammenarbeit mit anderen Behörden, dem privaten Sektor, der Zivilgesellschaft und Forschungseinrichtungen. Der Austausch von Informationen und Ressourcen ermöglicht eine effizientere Erbringung öffentlicher Dienstleistungen und fördert Innovationen.

Auch die Führung im öffentlichen Sektor erfährt mit der Einführung eines CDO einen grundlegenden Wandel. Traditionelle Führungsmodelle, die auf Befehl und Kontrolle basieren, weichen einem kollaborativeren Ansatz. Der CDO fördert eine Führungskultur, die auf Vertrauen, Offenheit und Zusammenarbeit basiert. Dies ermutigt die Mitarbeiter, kreativ zu sein, neue Ideen zu entwickeln und aktiv an Veränderungsprozessen teilzunehmen. Der CDO übernimmt die Rolle eines Change Agents, der die Notwendigkeit von Veränderungen kommuniziert und deren Umsetzung vorantreibt.

3.1 Bestimmen Sie das Mandat des CDO für Maßnahmen

Um diese Veränderungen erfolgreich umzusetzen, ist ein klares Mandat erforderlich. Der CDO entwickelt eine Digitalisierungsstrategie, die die spezifischen Bedürfnisse und Ziele des öffentlichen Sektors berücksichtigt. Diese Strategie sollte flexibel genug sein, um auf sich ändernde Bedingungen zu reagieren. Der CDO arbeitet eng mit Entscheidungsträgern zusammen, um sicherzustellen, dass die Digitalisierung im Einklang mit den übergeordneten politischen Zielen steht (Abb. 3.1).

Insgesamt kann der Chief Digital Officer im öffentlichen Sektor konzeptionell Einfluss auf die Transformation von Strukturen, Netzwerken und Führung nehmen. Durch die Einführung agiler Organisationsstrukturen, die Vernetzung von Regierungsbehörden und die Förderung einer kollaborativen Führungskultur trägt der CDO dazu bei, den öffentlichen Sektor fit für die Herausforderungen des digitalen Zeitalters zu machen. Die Entwicklung einer klaren Digitalisierungsstrategie ist entscheidend, um eine nachhaltige und erfolgreiche Transformation sicherzustellen.

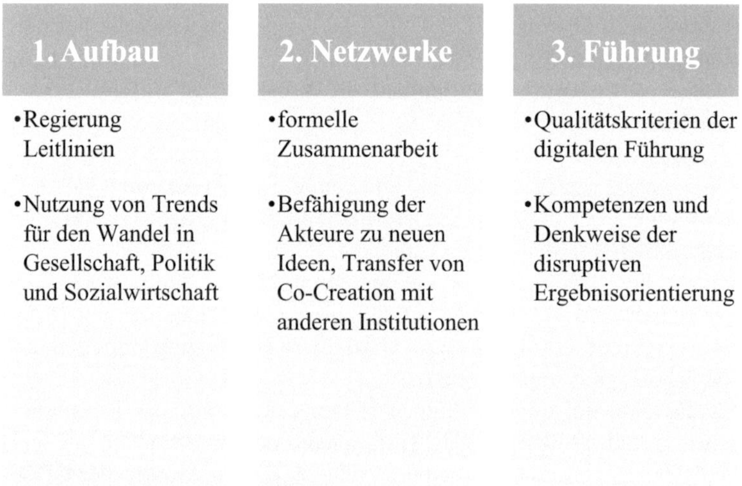

1. Aufbau	2. Netzwerke	3. Führung
• Regierung Leitlinien	• formelle Zusammenarbeit	• Qualitätskriterien der digitalen Führung
• Nutzung von Trends für den Wandel in Gesellschaft, Politik und Sozialwirtschaft	• Befähigung der Akteure zu neuen Ideen, Transfer von Co-Creation mit anderen Institutionen	• Kompetenzen und Denkweise der disruptiven Ergebnisorientierung

Abb. 3.1 Interaktionsrahmen der öffentlichen CDOs

3.1 Bestimmen Sie das Mandat des CDO für Maßnahmen

Abb. 3.2 veranschaulicht visuell die Elemente des Zusammenspiels zwischen Governance und digitalem Wert in Bezug auf die digitale öffentliche Transformation, ohne sie im Detail in den einzelnen Komponenten zu erklären, da die ganzheitliche Natur der Abhängigkeiten für diese Ausarbeitung zu komplex wäre.

Der Fortschritt der Digitalisierung und der rasche Fortschritt der Informationstechnologien haben tiefgreifende Auswirkungen auf die Unternehmenswelt. In der Wirtschaftsinformatik werden innovative Ansätze zur Steuerung, Prozessoptimierung und Automatisierung durch Data Sciences als entscheidende Potenziale für unternehmerischen Wandel betrachtet (vgl. Helbig [1]).

Governance in innovativen Kontexten bezieht sich auf die Fähigkeit, Geschäftsprozesse durch den effizienten Einsatz von Technologie und Daten zu steuern. Moderne Informationssysteme ermöglichen Echtzeit-Datenanalysen und präzise Entscheidungsfindung. Die Integration von Business-Intelligence-Tools und fortschrittlichen Analysemethoden eröffnet Unternehmen die Möglichkeit, flexibel auf Marktveränderungen zu reagieren und ihre strategische Ausrichtung kontinuierlich anzupassen.

Die Anwendung von Data Sciences spielt eine Schlüsselrolle bei der Optimierung von Geschäftsprozessen (vgl. Wang et al. [2]). Durch die Analyse großer Datenmengen können Muster und Trends identifiziert werden, die zu effizienteren Abläufen führen. Die Prozessoptimierung durch Data Sciences ermöglicht es Unternehmen, Ressourcen besser zu nutzen, Kosten zu senken und die Qualität ihrer Produkte und Dienstleistungen zu verbessern.

Die Automatisierung von Geschäftsprozessen durch den Einsatz von künstlicher Intelligenz und maschinellem Lernen trägt wesentlich zur Unternehmens-

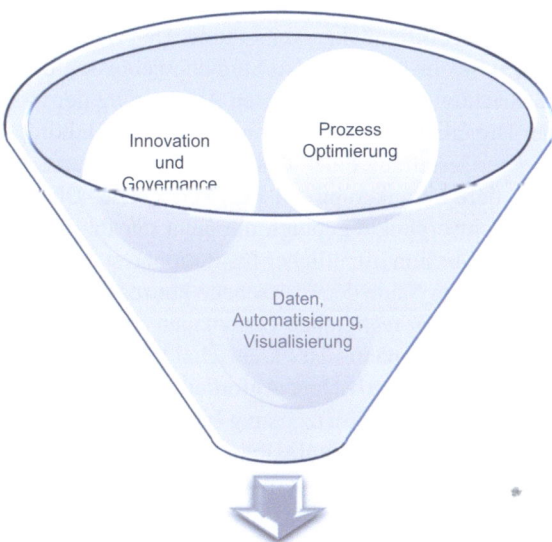

Abb. 3.2 Digitales Wertversprechen

transformation bei (vgl. Reijers et al. [3]). Routinetätigkeiten können automatisiert werden, was nicht nur die Effizienz steigert, sondern auch Raum für kreativere Aufgaben schafft. Die Integration von Automatisierungstechnologien erfordert jedoch ein Umdenken in Bezug auf Arbeitsstrukturen und Kompetenzprofile.

Die Kombination aus innovativer Steuerung, Prozessoptimierung und Automatisierung durch Data Sciences schafft Synergieeffekte, die den unternehmerischen Wandel beschleunigen (vgl. Firk et al. [4]). Unternehmen, die dieses Potenzial ausschöpfen, können flexibler, agiler und wettbewerbsfähiger werden. Es gibt jedoch auch Herausforderungen zu bewältigen, darunter Datenschutzbedenken, der Bedarf an neuen Fähigkeiten und die Anpassung an sich schnell ändernde Technologien.

Die Kombination aus innovativer Steuerung, Prozessoptimierung und Automatisierung durch Data Sciences prägt somit potenziell die Zukunft, da sie strategisch Potenziale integriert, in der Lage ist, Veränderungen erfolgreich zu gestalten und sich in einer zunehmend digitalisierten Wirtschaft zu behaupten. Die Betrachtung dieser Wechselwirkungen bietet nicht nur ein Verständnis der aktuellen Entwicklungen, sondern auch wertvolle Leitlinien für zukünftige Forschung und praktische Anwendungen.

3.2 Die konzeptionelle Handlungsebene der CDOs

Die Analyse der Literatur über die Auswirkungen der Digitalisierung in der öffentlichen Verwaltung im letzten Jahrzehnt hat gezeigt, dass das Spielfeld exponentiell klein ist. Nur wenige Studien befassen sich mit den Auswirkungen der Digitalisierung in der öffentlichen Verwaltung. Der Wertstatus der Rolle der CDOs im öffentlichen Sektor kann aus den Studienergebnissen der Literaturquellen und unter Berücksichtigung der detaillierten Auswertung der umfassenden Umfrage zum Stand der Digitalisierungsbemühungen deutscher Behörden abgeleitet werden.

Die Gestaltung einer Transformationsstrategie im öffentlichen Sektor erfordert eine tiefe Verankerung auf der Werteebene. Diese Ebene wird maßgeblich durch drei Schwerpunkte geprägt, die nicht nur die Effizienz steigern, sondern auch die soziale Mission öffentlicher Institutionen stärken.

Die erste Säule der Werteebene konzentriert sich auf Prozessinnovation im Einklang mit den rechtlichen Grundlagen der Ermächtigung (vgl. Helbig [1]). In diesem Zusammenhang ist es entscheidend, dass der Fokus nicht nur auf der Umsetzung der gesetzlichen Anforderungen liegt, sondern auch auf dem gesamten Prozess, von der Gesetzgebung bis zur organisatorischen Souveränität öffentlicher Institutionen. Diese umfassende Perspektive stellt nicht nur eine rechtskonforme Umsetzung sicher, sondern ermöglicht auch eine agile Anpassung an sich ändernde Anforderungen.

Der zweite Schwerpunkt auf der Werteebene betrifft die Co-Creation als grundlegendes Verständnis einer „Out-of-the-Box-Kultur" [5]. Diese Kultur bedeutet die kontinuierliche Überprüfung etablierter Routinen auf weiteres

Optimierungspotenzial durch systematische Selbstevaluation. Diese Haltung erstreckt sich über verschiedene Entscheidungsebenen und umfasst die Zusammenarbeit mit externen Akteuren als erste Instanz neuer Projekte. Zusammenarbeit wird als Geist der Stärke in der Einheit verstanden, um gemeinsam Innovationen voranzutreiben.

Der dritte und nicht weniger wichtige Fokus auf der Werteebene bezieht sich auf die Entwicklung eines umfassenden Verständnisses von Daten, einer Werte- und Ethikstrategie und eines datenbasierten Geschäftsmodells (vgl. Brown [6]). Dies ist besonders relevant für kommunale Unternehmen, die mit neuen Themenbereichen konfrontiert sind. Die Infrastrukturebene bildet den Ausgangspunkt, um die Kombination relevanter Datensätze zu ermöglichen und Mehrwert in Form von Übersicht, Automatisierung und Fehlerreduktion zu schaffen.

Die Kombination dieser drei Fokusbereiche schafft eine ganzheitliche Transformationsstrategie, die nicht nur den regulatorischen Rahmen berücksichtigt, sondern auch auf Co-Creation und datenbasierte Innovationen setzt. Diese Triade ermöglicht es öffentlichen Institutionen nicht nur, sich den Herausforderungen der Zeit anzupassen, sondern positioniert sie auch als Vorreiter in Bezug auf Effizienz, Innovation und sozialen Mehrwert.

In dienstleistungsorientierten Branchen wie der öffentlichen Verwaltung spielt die strategische Ebene eine zentrale Rolle, die durch eine vernetzte digitale Agenda und die Governance-Regulatoren für wirkungsorientierte Projekte geprägt ist. Die strategische Ebene muss in Bezug auf Agenda-Setting und Agenda-Monitoring mit mehreren Aspekten untersucht werden.

Eine effektive Zukunftsorientierung erfordert eine sorgfältige Agenda-Setting, wie von Helbig [1] betont. Dies basiert auf einer gründlichen Trendanalyse und umfasst Arbeitspakete, um identifizierte Trends in konkrete Handlungsschritte zu übersetzen. Eine genaue Messung der Zielerreichung ist entscheidend, um den Fortschritt der Initiativen zu überwachen und bei Bedarf Anpassungen vorzunehmen. Laut den Erkenntnissen von Firk et al. [4] sollte die strategische Planung auch innovative Ansätze für den öffentlichen Wert in öffentlichen Institutionen hinterfragen und identifizieren. Dies stellt nicht nur die Anpassung an aktuelle Marktanforderungen sicher, sondern auch die Vorbereitung auf zukünftige Entwicklungen.

Die Bewertung des aktuellen Zustands auf strategischer Ebene ist entscheidend für das effiziente Management von Innovationen und die Sicherstellung der Compliance. Die Einhaltung von Compliance-Vorschriften ist in einer vernetzten digitalen Welt unerlässlich. Es müssen nicht nur rechtliche Aspekte, sondern auch ethische und soziale Verantwortlichkeiten berücksichtigt werden. Der Bedarf an effektiver Überwachung und Benchmarking im Wettbewerb mit ähnlichen Institutionen, um die Position eines Vorreiters für Veränderungen zu stärken und die Wettbewerbsfähigkeit zu verbessern, ist Teil der Kultur permanenter Optimierungsbemühungen.

Insgesamt prägen diese beiden Aspekte, die Zukunftsorientierung und die Bewertung des aktuellen Status, die strategische Ebene und setzen den Kurs für den institutionellen Erfolg im Zeitalter der Digitalisierung. Institutionen, die diese

Erkenntnisse aktiv in ihre Strategie integrieren, sind besser gerüstet, um den dynamischen Herausforderungen des modernen Geschäftsumfelds zu begegnen und einen nachhaltigen Wettbewerbsvorteil zu erzielen (Abb. 3.3).

Die Instrumente des Business Model Canvas scheinen in dieser Hinsicht hilfreich zu sein, um einen Gesamtüberblick über Hebel für mehr Wert aus verschiedenen Perspektiven zu erhalten. Dementsprechend sollte die Nützlichkeit der Instrumente auch für öffentliche Institutionen angenommen werden, um Prioritäten in der strategischen Planung erfassen zu können. Auf den drei Ebenen des Agenda-Settings und -Monitorings, der digitalen Strategie und der Key Performance Indicators werden die Zusammenhänge zwischen den Bausteinen für die strategische Gestaltung von Institutionen durch CDOs deutlich.

Die Trendanalyse im öffentlichen Bereich spielt eine entscheidende Rolle bei der Agenda-Setting für ganze Organisationen. Einflussfaktoren wie gesellschaftliche Veränderungen, technologische Entwicklungen und politische Ereignisse müssen sorgfältig analysiert werden, um die richtigen strategischen Entscheidungen zu treffen. Laut Porter [7] können Organisationen, die Trends frühzeitig erkennen und in ihre Planung einbeziehen, Vorteile in Benchmarks erzielen. Eine bewährte Methode zur Identifizierung von Trends ist die Anwendung des Business Model Canvas (BMC). Durch die Analyse der neun Bausteine des BMC, wie Kundenbeziehungen, Schlüsselressourcen und Partnerschaften, können Unternehmen potenzielle Trends besser verstehen und in ihre Agenda integrieren (vgl. Osterwalder und Pigneur [8]).

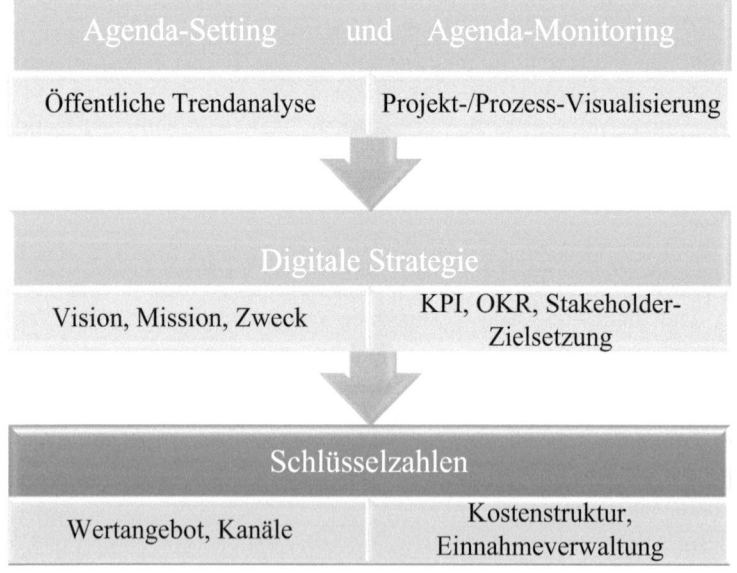

Abb. 3.3 Zwei Seiten der Umsetzung der digitalen Agenda

Eine Weiterentwicklung des BMC in Richtung eines PBMC, also eines Public Business Model Canvas, erscheint vielversprechend, kann jedoch aufgrund des unterschiedlichen Fokus hier nicht durchgeführt werden. Dies lässt systematisch Raum für weitere Forschung.

Agenda-Monitoring ist neben dem Agenda-Setting entscheidend, um sicherzustellen, dass die strategisch gesetzten Ziele erreicht werden. Projekt- und Prozessvisualisierung ermöglicht es Unternehmen, ihren Fortschritt in Echtzeit zu überwachen und bei Bedarf Anpassungen vorzunehmen. Forschungen von Kaplan und Norton [9] betonen die Bedeutung klarer und messbarer Ziele für den Erfolg von Institutionen. Das Business Model Canvas wird nicht nur zur Initialisierung von Strategien verwendet, sondern auch für die laufende Überwachung. Durch die Visualisierung der Schlüsselaktivitäten und -ressourcen können Unternehmen schnell auf Veränderungen reagieren und ihre Agenda entsprechend anpassen (vgl. Osterwalder und Pigneur [8]). Eine entsprechende Übertragung auf öffentliche Institutionen scheint problemlos machbar.

Die Ausrichtung einer digitalen Strategie erfordert eine klare Vision, Mission und Zweck. Laut Johnson et al. [10] ist die Schaffung einer klaren Vision entscheidend, um Mitarbeiter zu motivieren und sicherzustellen, dass alle Aktivitäten der Organisationen auf ein gemeinsames Ziel ausgerichtet sind. Das Business Model Canvas bietet auch eine strukturierte Methode zur Definition von Vision, Mission und Zweck. Durch die Integration dieser Elemente in die Bausteine des BMC wird die digitale Strategie nicht nur klarer, sondern auch besser verankert und kommuniziert (vgl. Osterwalder und Pigneur [8]).

Die Definition von Key Performance Indicators (KPIs) und Objectives and Key Results (OKRs) ist entscheidend für den Erfolg einer digitalen Strategie. Laut Kaplan und Norton [11] ermöglichen KPIs die Messung der Leistung im Vergleich zu strategischen Zielen, während OKRs spezifische, messbare Ziele setzen, die den Fortschritt in Richtung dieser Ziele überwachen. Das Business Model Canvas unterstützt die Definition von KPIs und OKRs, indem es Unternehmen ermöglicht, klare Verbindungen zwischen den verschiedenen Bausteinen herzustellen. Gleichzeitig hilft das Canvas, Stakeholder zu identifizieren und in den Strategieprozess einzubeziehen, was laut Freeman [12] entscheidend für den langfristigen Erfolg ist.

Die Zielsetzung ist ein bedeutungsvoller Schritt in der strategischen Planung. Das Wertversprechen und die Wahl der richtigen Kanäle haben einen direkten Einfluss auf das externe Image von Institutionen. Laut Wirtz [13] ist ein klares Wertversprechen entscheidend für die Differenzierung von gleichwertigen Dienstleistern. Gleichzeitig können die Kostenstruktur und das Einnahmenmanagement direkt in das Canvas integriert werden, um sicherzustellen, dass die definierten Ziele wirtschaftlich erreichbar sind (vgl. Osterwalder und Pigneur [8]).

Insgesamt bietet das Business Model Canvas eine ganzheitliche und integrative Methode zur Analyse von Trends, zur Entwicklung von Strategien, zum Management digitaler Initiativen und zur Festlegung klarer Ziele. Es ermöglicht eine dynamische Anpassung an Veränderungen in der Umgebung und hilft, langfristige Schwerpunkte der digitalen Ausrichtung sowohl privater als auch öffentlicher Institutionen zu sichern.

3.3 Die operative Auswirkung von CDOs

CDOs agieren als Schlüsselakteure in Regierungsbehörden für die Entwicklung und Implementierung effizienter Datenmanagementstrategien. Daher umfasst die Rolle auch die Funktion als „Chief Data Officer". Dieser akademische Text beleuchtet detailliert die operativen Aufgaben von CDOs, insbesondere in Bezug auf zwei Hauptaspekte: Netzwerkaktivitäten und die Reorganisation interner Strukturen. Die Bipolarität dieser Aktivitäten wird mit konkreten Aufgaben und Maßnahmen, den sogenannten ToDo's, näher erläutert.

Die erste operative Aufgabe von CDOs besteht darin, systematisch die Möglichkeiten der Zusammenarbeit mit anderen Behörden oder vergleichbaren Institutionen zu analysieren. Ein Stärken- und Schwächen-Diagramm ist hier unerlässlich, da es dazu dient, die spezifischen Vorteile und Herausforderungen der eigenen Institution zu identifizieren. Innovationspartnerschaften mit kommerziellen Unternehmen werden angestrebt, um Synergien zu schaffen und gemeinsam innovative Lösungen zu entwickeln. Der Fokus liegt auf der Etablierung von Datenfreigabemodellen, um den Austausch relevanter Informationen zwischen Behörden zu ermöglichen.

Andererseits umfassen die operativen Aufgaben von CDOs die interne Neugestaltung der Datenmanagementstrukturen. Leistungsmesssysteme werden implementiert, um die Effizienz und Effektivität der datenbezogenen Prozesse zu überwachen und zu verbessern. Der Digital Readiness Check ist ein Evaluierungsinstrument, um die digitale Bereitschaft der Behörde zu überprüfen und bei Bedarf Anpassungen vorzunehmen. Konzepte der Big Data-Wertschöpfungskette sind entscheidend, um den gesamten Prozess der Datenverarbeitung von der Erfassung bis zur Analyse zu optimieren und maximalen Wert zu generieren.

Die Analyse von externen Kooperationsmöglichkeiten, Innovationspartnerschaften und Datenfreigabemodellen zielt darauf ab, externe Beziehungen zu stärken und die Effektivität der Datenverarbeitung zu verbessern. Gleichzeitig liegt der Fokus auf der internen Neugestaltung, wobei Leistungsmessung, Digital Readiness Checks und Konzepte der Big Data-Wertschöpfungskette die Grundlage für ein effizientes und zukunftsorientiertes Datenmanagement bilden. Die Präsentation soll die Zusammenhänge transparent machen (Abb. 3.4).

Lokale Konzepte sind kein Selbstzweck, da das Ausmaß der Auswirkungen der Digitalisierung nicht abstrakt und allgemein bestimmt werden kann und es bisher wenig Forschung zur Abdeckung gibt. Es gibt Forschungslücken, insbesondere hinsichtlich der systematischen Integration von überregionalen Skalierungseffekten von Strategien und Umsetzungskonzepten der digitalen Transformation. Neben der Ableitung von Schlussfolgerungen über Spannungen in Veränderungsprojekten und andere Herausforderungen im operativen Handeln von CDOs hilft die Erhebung der möglichen digitalen Reifegrade, differenziert nach Größenklassen der Behörden, auch dabei, deren Prioritäten zu clustern.

Bisherige Primärerhebungen zu systematischen Literaturanalysen in einer verteilten Methode (vgl. z. B. Schachtner [14]) nach quantitativen und qualitativen

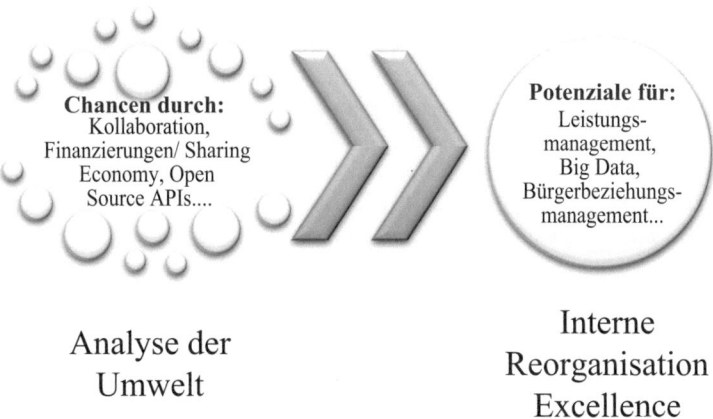

Abb. 3.4 Interne und externe Statusfaktoren

Veröffentlichungen zu den Kernbegriffen „digitale Transformation", „Daten-Governance" und „Workflow-Management" im Bereich können noch keine Repräsentativität beanspruchen, da eine kritische Anzahl von Studienobjekten in Panelstudien noch nicht flächendeckend verfügbar ist. Insbesondere qualitative Werte, Motivationen und Barrieren können noch nicht in Muster umgewandelt werden.

3.4 Anforderungen an ein Qualifizierungskonzept für CDOs

Die Zertifizierung von Chief Digital Officers im öffentlichen Sektor ist eine Möglichkeit, Fachwissen und Lehrtransfer zu dokumentieren. Die Verbesserung der Führungsqualität in Bezug auf die digitale Transformation im öffentlichen Sektor ist noch ein anfänglicher Prozess eines fortlaufenden Bedarfs. Der Markt bietet verschiedene Institutionen und Programme, die Zertifizierungen für CDOs im öffentlichen Sektor vorschlagen. Basierend auf internationalen Standards wird hier das Zertifizierungsprogramm für „Certified Government Chief Information Officer (CGCIO)" vorgestellt.

Das Programm ist eine Zertifizierung für bereits aktive Führungskräfte im öffentlichen Sektor, die sich auf Informationstechnologie und digitale Transformation spezialisieren möchten. Es wird von mehreren internationalen Organisationen und Bildungseinrichtungen angeboten und ist auf die Bedürfnisse von CDOs und ähnlichen Rollen im öffentlichen Sektor zugeschnitten. NASCIO fungiert als Sponsoring-Organisation. Dies ist eine Organisation, die grundsätzlich allgemeine Schulungen und Ressourcen für IT-Führungskräfte im öffentlichen

Sektor bereitstellt. Eine weitere unterstützende Organisation ist das Public Technology Institute (PTI). Es zielt darauf ab, Exzellenz in der Technologie-Führung im öffentlichen Sektor zu fördern und zertifiziert Teilnehmer in dieser Nische. Darüber hinaus bieten fachspezifische Universitäten und Bildungseinrichtungen Schulungen an.

Einer der Hauptschwerpunkte liegt im Informationssicherheitsmanagement im öffentlichen Sektor. Zu Beginn des Kurses werden erste Sicherheitsanforderungen für digitale Initiativen im öffentlichen Sektor festgelegt. Darauf aufbauend umfassen die Komponenten den Anwendungsbereich im Verantwortungsbereich der öffentlichen Verwaltung und ihrer Fachabteilungen. Methodische Inhalte zur digitalen Transformation werden ebenfalls explizit für CDOs im öffentlichen Sektor angeboten.

Gleichzeitig können spezifische Inhalte und Anforderungen je nach Organisation und Land in den Lehrplan aufgenommen werden. Insgesamt ist die Zertifizierung nur eine Möglichkeit, da es noch an einem klar zugeschnittenen Rollenprofil fehlt und das zu schulende Kompetenzset stark variiert. Ein Portfolio-Ansatz mit mehreren einzelnen Seminaren entsprechend den aktuell in der eigenen Institution geltenden Inhalten sowie eine Vielzahl von Formaten, input- oder anwendungsorientiert, kann eine gleichwertige Alternative sein.

Die Flexibilisierung der Art der Aus- und Weiterbildung steht auch in direktem Zusammenhang mit der Art der gewünschten öffentlichen Verwaltung. In der systematischen Analyse von Bildungsprogrammen sollte berücksichtigt werden, welche Voraussetzungen der Teilnehmer mitbringen muss und welche Fähigkeiten in den Programmen entwickelt werden sollen. Der Zusammenhang zwischen dem Anwendungsbereich auf Master-Niveau und Zertifizierungsprogrammen im Bereich des öffentlichen Managements sowie verwandter Disziplinen in kooperativen Beziehungen zwischen Zertifikaten und den Studiengängen der Universitäten ist auch in einem Quervergleich lohnenswert (vgl. Hays und Duke [15], S. 425).

Weitere Auswahlkriterien können das Programmevaluierungssystem, die Rolle angewandter Projekte im Programm oder die Dozentenprofile zwischen Akademikern und Praktikern umfassen. CDOs im öffentlichen Sektor sollten sorgfältig abwägen, welche Zertifizierung oder Schulung am besten zu ihren beruflichen Zielen und Anforderungen passt. Zertifizierung kann daher eine wertvolle Ergänzung zu den Qualifikationen und der beruflichen Entwicklung von CDOs im öffentlichen Sektor sein.

Literatur

1. R. Helbig, *Prozessorientierte Unternehmensführung: Eine Konzeption mit Konsequenzen für Unternehmen und Branchen dargestellt an Beispielen aus Dienstleistung und Handel* (Springer, 2013)
2. Z. Wang, P. Liu, Y. Xiao, X. Cui, Z. Hu, L. Chen, A data-driven approach for process optimization of metallic additive manufacturing under uncertainty. J. Manuf. Sci. Eng. **141**(8), 081004 (2019)

Literatur

3. H.A. Reijers, I. Vanderfeesten, W.M. van der Aalst, The effectiveness of workflow management systems: a longitudinal study. Int. J. Inf. Manage. **36**(1), 126–141 (2016)
4. S. Firk, A. Hanelt, J. Oehmichen, M. Wolff, Chief digital officers: an analysis of the presence of a centralized digital transformation role. J. Manage. Stud. **58**(7), 1800–1831 (2021)
5. A. Jones, Ko-Kreation als Treiber von Innovation in der öffentlichen Verwaltung. Public Innov. J. **18**(1), 45–63 (2019)
6. C. Brown, Datengetriebene Strategien für kommunale Konzerne: Eine Analyse von Value- und Ethikaspekten. J. Public Data Ethics **30**(3), 87–105 (2021)
7. M.E. Porter, *Competitive Advantage: Creating and Sustaining Superior Performance* (Free Press, 1998)
8. A. Osterwalder, Y. Pigneur, *Business Model Generation: A Handbook for Visionaries, Game Changers, and Challengers* (Wiley, 2010)
9. R.S. Kaplan, D.P. Norton, *Translating Strategy into Action: The Balanced Scorecard* (Harvard Business School Press, 1996)
10. G. Johnson, K. Scholes, R. Whittington, *Exploring Corporate Strategy: Text & Cases* (Financial Times Prentice Hall, 2008)
11. R.S. Kaplan, D.P. Norton, The balanced scorecard – measures that drive performance. Harv. Bus. Rev. **70**(1), 71–79 (1992)
12. C. Freeman, The national system of innovation in historical perspective. Camb. J. Econ. **19**(1), 5–24 (1995)
13. J. Wirtz, *Business Model Management: Design – Instrumente – Erfolgsfaktoren* (Springer Gabler, 2018)
14. C. Schachtner, The role „chief digital officer (CDO)" in public municipalities – the conceptual effect of a functional profile for successful transformation. Smart Cities **6**(2), 809–818 (2023). https://doi.org/10.3390/smartcities6020039
15. S.W. Hays, B. Duke, Professional certification in public management: a status report and proposal. Public Adm. Rev. **1**(1), 425–432 (1996)

Kapitel 4
Validierung der Ergebnisse auf Basis einer CDO-unterstützten Beispielstrategie

Da die Metaebene des digitalen Wandels keine kurzfristigen Schwankungen in den Themen bedeutet, sondern vielmehr eine institutionelle Form mit eigenem Handlungsspielraum in Abstimmung mit den Beteiligten in Querschnitts- und Fachämtern darstellt, müssen die komplexen Veränderungsprozesse durch greifbare Ergebnisse Inspiration liefern.

Die bestehenden strategischen Ansätze und Handlungsempfehlungen in der Digitalisierungsforschung müssen über ein analytisches Rahmenwerk zur Innovationsfähigkeit in eine praxisorientierte strategische Richtung in die Stadtentwicklung integriert werden. Um ein übergreifendes System der ganzheitlichen Klassifizierung von Digitalisierungsergebnissen zu etablieren, müssen messbare Kategorien der Innovation geschaffen werden (siehe Schachtner [1]).

Die erste Dimension kann somit auf der Ebene der formalen Governance-Strukturen betrachtet werden.

Da die Innovationsfähigkeit einer Organisation auch von ihrem Umfeld beeinflusst wird, muss der politische und administrative Kontext im Hinblick auf soziale Traditionen sowie politische und sozioökonomische Erwartungen überprüft werden. Die traditionelle Rechtskultur des öffentlichen Sektors wird zunehmend mehr und mehr zu einer programmatischen Gestaltungskultur im Rahmen der rechtlichen Möglichkeiten durch Politiker in regionalen und überregionalen Begriffen.

Die zweite Dimension sind informelle Netzwerkstrukturen zwischen Akteuren. Die Fähigkeit der Netzwerkmitglieder, neue Ideen und Verbindungen außerhalb ihrer eigenen Organisation zu neuen sozialen Konventionen der zwischenmenschlichen Kommunikation zu generieren, hat einen erheblichen Einfluss auf Vertrauensbeziehungen für Innovation. Durch Diskussionsforen können Innovationspfade und thematische Knotenpunkte gemäß den Theorien des kollektiven Handelns in der Innovation identifiziert werden (vgl. Lewis et al. [2]).

Die dritte Dimension sind die Managementstrukturen des Führungsteams. Führung und Innovation im öffentlichen Sektor stehen in direktem Zusammenhang, um Freiräume für kreative Lösungen zu schaffen und die Qualitäten und Fähigkeiten der Mitarbeiter zu schätzen und zu fördern. Aufgrund der zunehmenden Etablierung von New Public Governance-Logiken in der Forschung wächst die Bedeutung der „Co-Creation" im Entwicklungsprozess des Intrapreneurships mit Gesamtverantwortung. Der Einsatz von Rahmenwerken zur Priorisierung und Orientierung als Leitlinien stellt einen Ersatz starrer Führungstypen als konzeptionelles Modell dar. In dieser Hinsicht werden empirische Analysen der Mehrheitsverhältnisse zu Veränderungspositionen vorgestellt.

4.1 Ziel und Messbarkeit

Die Entwicklung einer digitalen Agenda bedeutet, Herausforderungen und neue Gestaltungsaufgaben zu identifizieren und in nachhaltige Stadtentwicklungskonzepte zu integrieren.

Der Einsatz digitaler Technologien soll neue Informationen mit Live-Daten bereitstellen und die Entscheidungsgrundlage verbessern, um die Bereitstellung von Dienstleistungen in Schlüsselbereichen wie Gesundheit, Sozialdienste oder Quartiersentwicklung in der Stadtentwicklung für die lokale Gemeinschaft zu optimieren.

Der überregionale Vergleich ermöglicht es, die Vor- und Nachteile sowie Wechselwirkungen von Konzepten zu Governance-, Netzwerk- und Managementfragen aufzugreifen und den Beitrag zum Ausbau bundesweiter digitaler Infrastrukturen, aber auch zur Bewältigung nationaler und globaler Herausforderungen wie der Energiewende oder der Nachhaltigkeitsziele zu bewerten.

Die Erhebungsmethoden für ein Stimmungsbild und die Systematik zur Entwicklung digitaler Strategien umfassen die Dokumentenanalyse der formalen Organisationsstruktur, die Bestandsaufnahme von Stärken und Schwächen für Institutionen konkret gültiger politischer und administrativer Strukturen bis hin zur eigenen Primärerhebung führender Entscheidungsträger und Handlungsoptionen in Betracht durch Fragebögen und Interviewdokumentation. Beispielsweise kann ein CDO Workshops von etwa 2–3 Stunden mit allen Fachabteilungen der Stadtverwaltung arrangieren. In Absprache mit allen Fachämtern, die bei der Aufgabenerfüllung miteinander verbunden sind, kommen folgende Fragen in Betracht:

- Definition von Zielen unter Einbeziehung der Ämter
- Standardisierung des Informationsniveaus des Dienstleistungsportfolios der Institutionen ICT, eGovernment, Digitale Stadtentwicklung und Smart City
- Jährliche Priorisierungs-Roadmap in der internen Planung als Übersicht basierend auf den gemeldeten TOP 3 Prioritäten in den Fachämtern

- Klassifizierung des Zeitaufwands für die Umsetzung der TOP-Prioritäten, auch als Auswirkung auf die kostengünstigen Komponenten für die jährliche HH-Planung oder Finanzplanung über diesen Zeitraum.

Eine Erhebung des Prozesswandels erfordert zunächst ein Verständnis der eigenen Bedürfnisse einer Organisation zu folgenden Themen:

- Innovationsumfeld (bedeutende Förderer der Innovation trotz sozioökonomischer Herausforderungen sowie eine Klassifizierung der selbst eingeschätzten Innovationskraft der Stadt)
- Vernetzung (überregionale Gemeinschaftsaktivitäten, Mitgliedschaft in Berufsverbänden und Konferenzorientierungen für nationale Expertise)
- Soziale Netzwerke und Plattformen für Kommunikation (zu Arbeitsprojekten und Diskussionen zur strategischen Informationsverarbeitung)
- Digitale Führungsmodelle für Innovation (und Transfer in Management-Tools für operatives Projektmanagement).

4.2 Leitprinzipien

Als Orientierungsrahmen definieren wir zentrale Leitmotive mit einem Zweck-Slogan, an dem sich Strategien, Maßnahmen und Projekte in den einzelnen Handlungsfeldern ausrichten sollen. Die Leitmotive unterliegen dem Wandel der Zeit und werden von uns dynamisch aktualisiert.

4.2.1 Raum für Innovation schaffen

Neue Ideen brauchen einen geschützten Raum, in dem sie entwickelt und getestet werden können. Die Stadt schafft einen Rahmen für innovative Projekte und unterstutzt die Innovationskultur im Haus. Scheitern wird als wichtiger Teil der Innovation anerkannt, und Experimentieren und Fehlertoleranz sind ausdrücklich erwünscht. Das Verständnis der Faktoren, die zur Innovationsfähigkeit öffentlicher Organisationen beitragen, bedeutet, sogenannte Game Changer zu identifizieren. Risikobereitschaft und Experimentierfreude sind entscheidend, um die in der Organisationsliteratur verankerten Pfadabhängigkeiten zu durchbrechen.

4.2.2 Lernräume schaffen

Die digitale Transformation erfordert ein hohes Maß an Agilität, Flexibilität und Veränderungsbereitschaft. Die Stadt gestaltet die Digitalisierung als Lernprozess und unterstützt die Entwicklung digitaler Kompetenzen in der Stadtgesellschaft.

4.2.3 Offen und transparent handeln

Smart Cities entwickeln sich zu offenen und partizipativen Städten. Sie nutzen das Fachwissen unserer Bürger und etablieren neue digitale Beteiligungsformate, in denen kreative und innovative Lösungen partnerschaftlich entstehen. Transparenz und Offenheit leiten das administrative Denken und Handeln.

4.2.4 Schützen Sie Ihre Privatsphäre

Das Vertrauen der Bürger in die Informationssicherheit der Stadt ist die Grundlage für eine Smart City. Die Sicherheit von Infrastrukturen, Daten und Kommunikation hat daher oberste Priorität und muss stets berücksichtigt werden. Ideal sind selbstbestimmte Menschen mit geschützter Privatsphäre.

4.3 Aktivitäten

Die digitale Transformation hat nicht nur eine technische Dimension. Gleichzeitig entstehen für jedes Handlungsfeld soziale, rechtliche, ethische und kulturelle Fragen. Die digitale Gestaltung soll zukünftigen Herausforderungen in zentralen Handlungsfeldern begegnen und Veränderungsprozesse in diesen Bereichen erfolgreich gestalten. Sie wirkt unerwünschten Entwicklungen frühzeitig entgegen und lenkt sie im Interesse der Bürger um.

Smart Cities definieren unterschiedliche Handlungsfelder, wobei neun von ihnen eine maximale Anzahl für ihre digitale Agenda darstellen, um handlungsfähig zu bleiben. Diese Handlungsfelder basieren auf der Idee einer Entwicklergemeinschaft für digitale Dienstleistungen, um in regelmäßigem Dialog kollaborativ wiederverwendbare und priorisierte Dienstleistungen zu gestalten. In diesem Fall sollten lokale Besonderheiten der jeweiligen Stadt bei der Anpassung weiterhin berücksichtigt werden können. Für jedes Handlungsfeld wird eine Vision vorgeschlagen, die einen Blick in die Zukunft darstellt. In einem Entwicklungsprozess definiert die Stadtverwaltung strategische Ziele für die Visionen und hinterlegt sie mit Maßnahmen oder Projekten. Diese Maßnahmen und Projekte können von den Bürgern ergänzt und von den politischen Gremien begleitet und mitgestaltet werden.

Die Visionen, Strategien und Maßnahmen ändern sich mit der fortschreitenden digitalen Transformation und werden daher regelmäßig von Bürgern, Stadtverwaltung und politischen Gremien in einem fortlaufenden Prozess weiterentwickelt. Dies stellt sicher, dass die Agenda auf schnelllebige Entwicklungen reagieren und sich jederzeit dynamisch anpassen kann.

4.4 Wichtige Erkenntnisse aus den CDO-Workshops

Die Herausforderungen im Kontext der nationalen Digitalisierungsanforderungen werden durch die häufige Einstellung von Verfahren aufgrund mangelnder Vorabberatung und erfolgloser Leistungsansprüche hervorgehoben. Dieses Problem erfordert einen gezielten Ansatz, um effiziente Prozesse sicherzustellen.

In diesem Zusammenhang ist die Akzeptanz dezentraler Fachstellen für Lösungen von zentraler Bedeutung. Durch die Übernahme der Aufgaben der Zentralstellen können Synergien genutzt werden. Ein Beispiel hierfür wäre, wenn eine dezentrale Stelle spezifische Digitalisierungsprojekte übernimmt und auf das Fachwissen der Zentralstellen zurückgreift.

Die Zentralisierung von Querschnittsaufgaben wie Beschaffung und Digitalisierungsprojekte erweist sich als Herausforderung. Die Klärung der Aufgabenverteilung und Priorisierung im eGovernment-Team ist entscheidend. Dies wirft die Frage auf, wann Projekte wie mobiles Arbeiten oder e-Rechnungen in die Verantwortung der Linie übergehen.

Um die Effizienz zu steigern, wird die Einführung einer digitalen Querschnittsplattform für Verwaltungsprozesse diskutiert. Intelligente Datenverarbeitung könnte genutzt werden, um automatisch Aktenvermerke und Benachrichtigungsvorlagen zu erstellen. Diese Plattform könnte auch in verschiedenen Bereichen wie Projektmanagement und Archivierungsworkflow eingesetzt werden.

Projekte, insbesondere das Anwendungsdesign, stocken, was Flexibilität durch Toolkits für eine eigenständige Verwaltung in der Fachstelle erfordert. Ein Beispiel hierfür wäre die Notwendigkeit, effiziente Lösungen für das Management von Bauprojekten zu entwickeln und so den Fortschritt sicherzustellen.

Die Ausrichtung des Intranets mit Suchmechanismen auf die Bedürfnisse der Stellen ist entscheidend für eine reibungslose Zusammenarbeit. In diesem Zusammenhang könnte eine Kampagne zu Kollaborations- und Interaktionsformaten über soziale Tools die Nutzung und Akzeptanz fördern. Eine erweiterte Dialogplattform mit externen Parteien auf Basis bestehender Plattformansätze wird mehrfach gefordert.

Der Einsatz von Projektmanagement-Software mit agilen Dashboards und klassischen Methoden zur Projektplanung wird als wesentlich erachtet. Ein Übersichts-Dashboard ermöglicht eine effektive Steuerung und Überwachung, wodurch die Erfolgschancen der Projekte verbessert werden.

Die Definition individueller Anwendungsszenarien für Robotic Process Automation (RPA)-Bots und Prozessautomatisierung ist ein weiterer Schwerpunkt. Dies könnte beispielsweise die Automatisierung repetitiver Verwaltungstätigkeiten umfassen, um die Effizienz zu steigern.

Im Bereich der Standardisierung liegt der Fokus auf dem e-Rechnungs-Workflow mit einem e-Rechnungs-Editor und Genehmigungsworkflows. Dies hilft, Verwaltungsprozesse zu standardisieren und somit die Effizienz zu steigern.

Ebenso wichtig ist die Optimierung von Querschnittsprozessen wie Informationsflüssen und Workflows (z. B. e-Rechnung). Gleichzeitig sollte die

Optimierung der Webpräsenz, die Verbesserung der SEO und die Erhöhung der mobilen Fähigkeiten zur Verbesserung der Benutzerfreundlichkeit beginnen.

Die Etablierung dezentraler Digitalbeauftragter als Funktion erfordert eine klare Personalstruktur. Die hybride Arbeitsbelastung wird in Zukunft zwar Arbeitszeit sparen, aber bis dahin in der regulären Betriebsführung Arbeitskraft kosten. Eine intelligente Planung und Umsetzung sind daher von großer Bedeutung.

Weitere Erkenntnisse sind lokaler Natur und eignen sich nicht zur Abstraktion.

4.5 Empfehlungen

Der Zweck des folgenden Abschnitts besteht darin, verschiedene Aspekte der praktischen Praktiken von CDOs aufzulisten, die nicht nur für die Beispielbehörde, sondern auch allgemein gelten sollten.

4.5.1 Organisation Digitale Zusammenführung und Projektverlauf Parallel zur Linie

Erkenntnisse aus einem Pilotprojekt zeigen, wie wichtig es ist, die Themen Digitalisierung und Datenmanagement, Klimaschutz und Nachhaltigkeit sowie sozialen Wandel und Bürger- und Unternehmerbeteiligung gemeinsam zu denken. Die Themen sind querschnittlich und passen oft nicht in die bestehenden Strukturen der Arbeitsteilung und Zuordnung. Sie sind querschnittlich mit der Linienorganisation verortet und umfassen gleichzeitig mehrere bis alle Fachbereiche oder Abteilungen. Die aktuelle Struktur führt zu einer erschwerten Umsetzung, zusätzlicher Arbeitsbelastung in den Fachabteilungen, Informationsdefiziten und zusätzlicher Arbeitsbelastung für die Mitarbeiter. Für die erfolgreiche Gestaltung und Umsetzung der Themen, einschließlich der Digitalisierungsstrategie, macht eine eigenständige Organisationseinheit Sinn. Diese sollte direkt bei der Verwaltungsleitung angesiedelt werden. Diese OE dient ausschließlich den oben genannten Querschnittsthemen der Verwaltung und ersetzt keine Ämter oder andere bestehende Strukturen. Sie übernimmt querschnittliche Funktionalaufgaben, die besonders häufig im Projektmanagement vorkommen. Ein weiterer Erfolgsfaktor ist daher die Einführung eines Projektmanagementbüros für die Stadtverwaltung und die Verknüpfung mit Digitalisierungsprojekten.

Ein behördenübergreifendes Team, zusammen mit dem „Chief Digital Officer" und dem zukünftigen „Digital City Project Manager", stellt sicher, dass die hier beschriebenen Ziele für die Digitale Stadt Realität werden. Dieses Team arbeitet nicht allein, sondern wird von vielen Bereichen der Stadtverwaltung unterstützt. Es lädt Vertreter sehr unterschiedlicher Organisationen sowie interessierte Bürger zu einer DevOps-Community ein, um gemeinsam zu konzipieren, welche digitalen Lösungen nutzbar sind, was fehlt und was helfen würde.

Bei diesem Prozess geht es auch darum, gemeinsam zu verstehen, was wir tun. Was bedeutet es für eine städtische Gesellschaft, wenn mehr Nachrichten in digitalen Netzwerken gelesen werden? Was bedeutet es für eine städtische Gesellschaft, wenn einige Menschen immer das neueste Smartphone oder Tablet haben und andere nicht? Was bedeutet es für eine städtische Gesellschaft, wenn einige Menschen viel Geld mit Digitalisierung verdienen und andere gar nicht? Was bedeutet es für eine städtische Gesellschaft, wenn für die Digitalisierung neue Infrastrukturen benötigt werden und sich die „gebaute Stadt" dafür verändern muss? Was bedeutet es für eine städtische Gesellschaft, wenn durch die Digitalisierung Unternehmen überflüssig werden oder wirtschaftliche Strukturen aufgrund datenbasierter Geschäftsmodelle verschwinden?

4.5.2 Auftrag zur Erweiterung und Anpassung der Leitmotive

Der Ansatz der kontinuierlichen Entwicklung und des Lernens aus Erfahrungen im iterativen Gestaltungsprozess smarter digitaler Strategien macht es notwendig, regulatorische Projekte adaptiv über Leitmotive anzugehen. Die folgenden Schlüsselelemente sollten berücksichtigt werden.

4.5.2.1 Eingehen von Kooperationen

Ein abgestimmtes und konsolidiertes Vorgehen ist die Grundvoraussetzung für die effektive und effiziente Entwicklung der Stadt. Wann immer möglich, werden Projekte und Neuentwicklungen gemeinsam mit Partnermunicipalitäten, Wissenschaft und Industrie entwickelt. Zu diesem Zweck wird eine neue Kooperationskultur und eine nachhaltige Transferstruktur etabliert.

4.5.2.2 Erhalt des sozialen Zusammenhalts

Kein Bürger wird durch die digitalen Veränderungsprozesse zurückgelassen. Alle Dienstleistungen und Angebote bleiben für alle Bürger gleichermaßen zugänglich. Digitale Prozesse und Lösungen sind so gestaltet, dass sie Inklusion fördern. Städte sorgen für barrierefreien und diskriminierungsfreien Zugang zu digitalen Angeboten.

4.5.2.3 Förderung einer nachhaltigen Stadtentwicklung

Die Stadt nutzt die Digitalisierung, um die wirtschaftliche, soziale und ökologische Zukunftsfähigkeit der Stadt zu gewährleisten. Ziel ist es, die sozialen, wirtschaftlichen und ökologischen Bedürfnisse der lokalen Bevölkerung ausgewogen zu berücksichtigen und die Lebensbedingungen für zukünftige Generationen zu erhalten.

4.5.2.4 Ermöglichung nachhaltigen Wirtschaftens

Die Stadt übernimmt ihre wirtschaftliche Verantwortung und überträgt sie ins digitale Zeitalter. Die Vorreiterrolle als starker Kultur-, Wissenschafts- und Kreativstandort sowie als attraktiver Wirtschaftsstandort für Produktion, Handel und Dienstleistungen soll ausgebaut werden. Ein „Wir" bei der Unterstützung der digitalen Transformation für Wirtschaft und Kreativschaffende in der Stadt muss geschaffen werden.

4.5.3 Systematische Gestaltung von Handlungsfeldern

Damit der Transfer der Verantwortlichen gelingt, müssen Verfahren und Modi gefunden werden, die eine maximale Nachvollziehbarkeit aller Beteiligten in den Handlungsfeldern ermöglichen. Die folgenden grundlegenden Überlegungen können Stadtführern helfen, sich gedanklich einander anzunähern.

4.5.3.1 Digitalisierung und Zusammenleben – Vorteile für die städtische Gesellschaft

In diesem Handlungsfeld geht es um die Entwicklung von Ideen und Anforderungen aus einer Alltagsperspektive. Wo könnten digitale Werkzeuge Unterstützung oder Hilfe bieten? Bei der Arbeit, beim privaten Einkauf, beim Lernen, bei Freizeitaktivitäten, bei sozialen Treffen, bei der Organisation von Mobilität, in Vereinen, in der Nachbarschaft, für öffentliche Informationen, für politisches Engagement, für Kunst und Kultur, für Pflege, für Bildung, für Erholung usw.

Zentrale Fragen beziehen sich auf die notwendigen Voraussetzungen für den sozialen Wandel:

Ist Digitalisierung generell notwendig?
Was sind die Leitlinien einer digitalen Gesellschaft?
Wo liegen die Grenzen einer digitalen Gesellschaft?
Was sind die Voraussetzungen für die gezielte Teilnahme der Stadt an einer solchen digitalen Gesellschaft?

In dieser Hinsicht hilft eine Megatrend-Karte, die lokale Bevölkerung in Bezug auf die großen gesellschaftlich relevanten Veränderungen für die Klassifizierung von Projekten zu priorisieren.

4.5 Empfehlungen   47

4.5.3.2 Digitalisierung an der Schnittstelle zur Verwaltung – Mehr Zeit für komplizierte Dinge

Städte und ihre Tochtergesellschaften sind bereits in vielen Bereichen der Digitalisierung aktiv. Ein laufendes Feedback-System aus der Bürgerschaft hilft, kontinuierlich serviceorientierter zu werden. Entsprechend sind Wege des Dialogs mit der Bevölkerung erforderlich.

Beispiele für bestehende Digitalisierungsaktivitäten:

- Aufbau einer Plattform mit öffentlich zugänglichen Daten der Stadt (Open Data) und deren Erweiterung um Daten von allen (Urban Data Hub)
- Zugang zu kostenlosem WLAN in Verwaltungsgebäuden und Bibliotheken sowie Ausstattung von Schulen mit WLAN-Infrastruktur, Geräten und Lernplattformen
- Weiterbildung und Diskussionen zur Digitalisierung in lokalen, außerschulischen Bildungsangeboten
- Workshops der Wirtschaftsförderung und des Gründerzentrums zur Digitalisierung der lokalen Wirtschaft
- Digitale Informationsportale und digitaler Ticketverkauf der Stadtwerke
- Digitale Abfrage der Füllstände von Abfallbehältern usw. (mit LoRaWAN-Technologie) zur Routenplanung der Abfallwirtschaft.

Die zentralen Fragen hier beziehen sich auf die Vielfalt der Dienstleistungen und die Servicequalität:

Werden die richtigen Dienstleistungen digital angeboten?
Welche Dienstleistungen würden Nutzer erwarten und wünschen?
Ist die Benutzerfreundlichkeit ausreichend gewährleistet?
Sind soziale Gruppen vom Zugang ausgeschlossen?

Die Stadtverwaltung möchte dies und mehr von den Bürgern, den Unternehmen, den Vereinen, von allen wissen. Im Rahmen des „Think Tanks" soll jährlich ein Digitalisierungsbericht vorgelegt werden, in dem über die mittelfristige Planung und die Umsetzung dieser Digitalisierungsprojekte der Verwaltung für die städtische Gesellschaft berichtet wird.

4.5.3.3 Digitalisierung und Infrastruktur – Technologie als Unterstützung

Die Stadt selbst hat auch die Möglichkeit, Infrastrukturen zu schaffen. Dazu gehört beispielsweise der Ausbau eines kommunalen LoRaWAN-Netzwerks zur Erfassung und Übertragung von Sensordaten. Ein solches Netzwerk ermöglicht es, Daten über große Entfernungen zu senden und dabei deutlich weniger Energie zu verbrauchen als andere Technologien. Einmal für städtische Zwecke eingerichtet, könnte ein solches Netzwerk auch anderen kostengünstig zur Verfügung gestellt werden.

Weitere wichtige Datenübertragungstechnologien umfassen den 6G-Mobilfunkstandard und den Ausbau von Glasfaseranschlüssen für Haushalte und Unternehmen. Hier stehen Fördermittel von Bund und Ländern zur Verfügung. Für den weiteren Ausbau dieser Infrastruktur muss eine Stadt ein klares Ziel haben, das auch eigene Ressourcen bereitstellen und als Koordinator agieren muss. In Gesprächen mit der städtischen Gesellschaft muss geklärt werden, wie die Digitalisierung in der Stadt voranschreiten kann.

4.5.3.4 Digitalisierung und Innovation – Gemeinsam Neues entwickeln

Gemeinsam mit Unternehmen, Vereinen, Politikern und Bürgern auf einer öffentlichen Plattform für Daten von und für alle etwas Neues zu entwickeln, ist die Vision einer innovativen, lernenden digitalen Stadt. Ein Ziel sollte es sein, eine mögliche Basis für Sensoranwendungen über Luftqualität, Klimadaten oder Nutzungsverhalten sozialer Orte zu schaffen. Sensoren können oft Daten liefern, die aus Datenschutzsicht unproblematisch sind und dennoch die Organisation des Alltags erheblich verbessern können. Die Entwicklung von Ideen aller Art sollte durch Ideenwettbewerbe organisiert werden, z. B. im Rahmen eines „Think Tanks", sodass Beiträge veröffentlicht, ausgewählt und finanziell unterstützt werden.

Um den Ideenwettbewerbern für die Digitale Stadt einen Rahmen für den Austausch zu bieten, kann auch eine zentrale Veranstaltung für den ständigen Austausch organisiert werden. Bei dieser Veranstaltung werden neben dem Digitalisierungsbericht und Auszeichnungen für Innovationen auch ein Zukunftsforum vom CDO moderiert. Neue Vertreter aus Gesellschaft, Politik und Verwaltung haben so die Möglichkeit, am Think Tank und an der Weiterentwicklung der Digitalen Stadt teilzunehmen.

Um zu zeigen, wie mögliche Umsetzungsprojekte innerhalb der Handlungsfelder aussehen können, kann der Anhang als Inspiration für die Gestaltung von Wiederverwendungsszenarien als integratives Element einer digitalen Agenda dienen.

Literatur

1. C. Schachtner, The role „chief digital officer (CDO)" in public municipalities – the conceptual effect of a functional profile for successful transformation. Smart Cities **6**(2), 809–818 (2023). https://doi.org/10.3390/smartcities6020039
2. J.M. Lewis, D. Alexander, M. Considine, Policy networks and innovation, in *Handbook of Innovation in Public Services,* Hrsg. by S. Osborne, L. Brown (2013), S. 360–374

Schlussfolgerung

In dieser Präsentation wurden verschiedene konzeptionelle Handlungsoptionen für Chief Digital Officers in öffentlichen Institutionen vorgestellt. Die Entwicklung und Weiterentwicklung von Digitalisierungsstrategien in Gemeinden ist eng mit der Frage des Profilaufbaus von CDOs verknüpft. Ein zentrales Ziel der für die Digitalisierung Verantwortlichen ist die Analyse der mittel- und langfristigen Auswirkungen des identifizierten Managementportfolios. Die Erkennung von Potenzialen und Möglichkeiten für den Einsatz datenbasierter Managementsysteme (Data-Driven Government) durch die Vernetzung bestehender Datenbanken und die Weiterentwicklung der automatisierten Dienstleistungserbringung. Dies erfordert auch die Definition einer lokalen Form der Datensouveränität, um die eigene Fähigkeit zur Gestaltung von Softwareanwendungen zu erweitern. Die Verknüpfung von Datensätzen sollte nicht nur die Möglichkeit bieten, die Daten der Bürger über Anwendungsplattformen mit zentralen Registern abzugleichen und die Fallbearbeitung zu automatisieren. Vielmehr sollen Workflow-Plattformen genutzt werden, um innerbetriebliche Gestaltungsprozesse für mehr Transparenz, geringere Fehlerquoten und ein besseres Zielgruppenverständnis für rechtlich unanfechtbare Entscheidungen zu erreichen.

Neben der Koordination von Aufgaben bei der Definition und Überwachung von Zielen, der Öffnung der Organisationskultur und der Veränderung von Prozessen ist die Verantwortung im Datenschutzrecht auch eine wichtige Funktion für das politische Autoritätsmanagement. Darüber hinaus ist eine Kernaufgabe von CDOs in öffentlichen Institutionen, die digitalen Fähigkeiten der Mitarbeiter zu erhöhen, aber auch die Kompetenz für Projektmanagement in komplexen Organisationsprojekten durch reale Anwendungsszenarien zu erweitern. Plattformbasierte Unterstützung von Kommunikationsbeziehungen, ganzheitlich auf die gesamte Organisation projiziert, die Kanäle auf der Grundlage eines partizipativen Verständnisses von Governance durch Bürger- und Unternehmensbeteiligung öffnet, entspricht auch dem Grundverständnis von Open Innovation. In weiteren Ausbaustufen kann daher das Ziel proaktiver Angebote an Bürger und Unternehmer auf der Grundlage vorhandener Daten erreicht werden, um Dienstleistungen zu verbessern und Ansprüche zu schützen, ohne dass Fristen und Dokumente selbst eingereicht werden müssen.

Neben Einsparpotenzialen für alle am Prozess Beteiligten muss die psychosoziale Akzeptanz der Bürger, aber auch der internen Mitarbeiter und anderer Interessengruppen als Kernaufgabe im Sinne bestehender Konzepte der digitalen Transformation erfasst und bedient werden. Ein Anforderungsprofil für kommunale CDOs bedeutet daher auch, gesellschaftliche Herausforderungen korrekt zu antizipieren und ganzheitlich angemessene Anpassungen in der lokalen Dienstleistungserbringung zu entwickeln.

Anhang

Bürgerorientierte Agenda einer Stadt in nachfolgender Nutzung verschiedener Handlungsfelder:

> Wir wollen den Alltag unserer Bürger so unkompliziert wie möglich gestalten und viele Behördengänge überflüssig machen. Unser digitales Serviceangebot ist auf die unterschiedlichen Lebenssituationen der Bürger ausgerichtet und wird kontinuierlich erweitert und verbessert. Wir stellen auch unsere Prozesse innerhalb der Verwaltung von Papier auf digital um. Wir ermöglichen unseren Bürgern den Dialog mit unserer Verwaltung unabhängig von Zeit und Ort, und wir legen Wert auf Transparenz und Beteiligung im Sinne von Open Government in unserem Verwaltungshandeln.

Wirtschaft und Arbeit

Vision: Erfolgreich Geschäfte machen und zusammenarbeiten

Wir unterstützen unsere lokalen Unternehmen aus Handwerk, Industrie, Einzelhandel, Tourismus und Kultur mit digitalen Lösungen, damit sie in der Region erfolgreich Geschäfte machen können. Wir schaffen innovative Rahmenbedingungen, in denen neue Arbeits- und Geschäftsformen realisiert werden können.

Als Arbeitgeber arbeitet die Stadt mit lokalen Interessengruppen zusammen, um eine Kultur des lebenslangen Lernens zu etablieren und die Fähigkeiten und Erfahrungen ihrer Mitarbeiter für die digitale Welt zu nutzen.

Projekt	Digitaler Handel
Leitung	Industrie- und Handelskammer
Teilnehmende Abteilungen oder Dritte	–

Beschreibung	Das Projekt zielt in Zusammenarbeit mit der Industrie- und Handelskammer darauf ab, lokalen Einzelhändlern zu ermöglichen, ihr Geschäft auf geeignete Weise in der digitalen Welt sichtbar zu machen, während es den Einzelhändlern ermöglicht, digitale Chancen positiv zu nutzen und für sich zu nutzen, um Innenstädte für Verbraucher und Besucher noch attraktiver zu machen. Die Sammlung von Ideen, die im Rahmen des Digitalen umgesetzt werden, reicht von einem digitalen Stadtforum, Anzeigen an den Kassen und in der Fußgängerzone, Händler-werben-Händler-Kooperationen bis hin zu einer App mit einer lokalen Vorteilskarte, Schließfachsystemen für den Aufenthalt in der Innenstadt und digitalen Leitfäden für den Einzelhandel
Erster Schritt	Als erster Schritt befasst sich die lokale Industrie- und Handelskammer mit einer Lösung für den Einzelhandel im gesamten Stadtzentrum, die Sichtbarkeit im digitalen Raum ermöglicht, aber auch die oben genannten Umsetzungsbarrieren in nachfolgenden Schritten ermöglichen soll
Erweiterung	Es ist geplant, diese Lösung in anderen Gemeinden verfügbar zu machen, um sie dann über eine Transferoption mit allen Gemeinden und Kommunen anzubieten, mit einem Fokus auf den Einzelhandel
Projektziel	Digitale Stadtanwendungen für lokale Einzelhändler, um die Attraktivität der Innenstädte für Verbraucher zu erhöhen
Abschluss des Projekts	–
Umsetzungsstand	In Planung (City Management und Smart City)
Kooperation	Regionales Netzwerk
Finanzen/Förderung	–
Entscheidung	Entscheidungen politischer Gremien müssen vorgesehen werden

Maßnahme	Verwendung von QR-Codes
Federführend	Gemeinde
Beteiligte Abteilungen oder Dritte	–
Beschreibung	Die Stadt setzt zunehmend auf den Einsatz von QR-Codes in Druckpublikationen, um analoge und digitale Dienstleistungen und Informationen zu verknüpfen. Auf diese Weise können Informationen und Interaktionsmöglichkeiten auf vielfältige Weise vereinfacht abgerufen oder ausgelöst werden. So kann einfache Sprache digital separat verbreitet und in verschiedenen Sprachen angeboten werden.
Ziel der Maßnahme	Mobilen Zugang zu digitalen Inhalten ermöglichen
Abschluss der Maßnahme	Laufende Maßnahme
Umsetzungsstand	Laufende Erweiterung/Anpassung der Maßnahme
Finanzen/Förderung	Im Budget enthalten
Entscheidung	Strategische Entscheidung der Verantwortlichen

Maßnahme	DSGVO-konforme Kommunikationsinfrastruktur in Form einer Managementplattform

Anhang

Federführend	Gemeinde
Teilnehmende Abteilungen oder Dritte	–
Beschreibung	Die Stadt ist verantwortlich für die Bereitstellung einer sicheren Kommunikationsinfrastruktur. Aus diesem Grund testet die Stadt DSGVO-konforme Messenger-Dienste, die nicht nur von Verwaltungsmitarbeitern, sondern auch von Vereinen, Freiwilligen oder Schulen für ihre Kommunikation genutzt werden können. Kommunikationsdaten sollten nicht über fremde Server verarbeitet und an Dritte übermittelt werden müssen
Ziel der Maßnahme	Sichere Kommunikationsinfrastruktur für Vereine, Freiwillige und Schulen
Abschluss der Maßnahme	Laufende Maßnahme
Umsetzungsstand	Idee für eine Maßnahme
Finanzen/Förderung	Im Stadthaushalt enthalten
Entscheidung	Strategische Entscheidung der Verantwortlichen

Gemeinschaft und soziale Interaktion

Vision: Soziale Kohäsion in einer vernetzten Gesellschaft

Städte stehen auch für ihre Kultur der Fürsorge, ihr menschliches Miteinander und ihre starke Freiwilligenarbeit. Digitale Lösungen in der urbanen Gesellschaft helfen, den sozialen Zusammenhalt in der Stadt zu erhalten und weiter zu stärken. Wir fördern die digitale und persönliche Vernetzung von Menschen, Zivilgesellschaft und urbanen Strukturen. Wir bewahren Orte des sozialen Miteinanders und ergänzen sie mit Orten des digitalen Beisammenseins. Wir engagieren uns für den sozialen Zusammenhalt in unseren digitalen Umgebungen und bewahren unser menschliches Miteinander.

Maßnahme	Digitales Ehrenamt
Federführend	Gemeinde
Teilnehmende Abteilungen oder Dritte	–
Beschreibung	Durch die Hervorhebung und Förderung digitaler Möglichkeiten unterstützen wir bestehende ehrenamtliche Arbeit dabei, die Vorteile der Digitalisierung für ihr eigenes Engagement zu nutzen. Neue digitale Formen des Engagements, wie Open-Data-Initiativen, erhalten die gleiche Anerkennung und Unterstützung wie traditionelle Formen des Ehrenamts.
Ziel der Maßnahme	Ermöglichung erweiterter ehrenamtlicher Möglichkeiten
Abschluss der Maßnahme	Laufende Maßnahme
Stand der Umsetzung	Laufende Erweiterung/Anpassung der Maßnahme
Finanzen/Förderung	Im Budget enthalten
Entscheidung	Strategische Entscheidung der Verantwortlichen

Maßnahme	Strategische Entscheidung der Verantwortlichen
Federführend	Gemeinde
Beteiligte Abteilungen oder Dritte	–
Beschreibung	In einer Umfrage unter Senioren entsteht ein Bild des digitalen Nutzungsverhaltens und der Bedürfnisse der Senioren in Bezug auf digitale Fähigkeiten und digitale Themen. Es bildet die Grundlage für weitere Maßnahmen und Projekte zur Stärkung der digitalen Souveränität der Senioren.
Ziel der Maßnahme	Aktueller Stand des digitalen Nutzungsverhaltens und der Bedürfnisse im Bereich der digitalen Fähigkeiten und Themen der Senioren
Abschluss der Maßnahme	6 Monate
Umsetzungsstand	Projektidee
Finanzen/Förderung	Im Budget enthalten
Entscheidung	Strategische Entscheidung der Verantwortlichen

Maßnahme	Kita-Navigator
Federführend	Gemeinde
Beteiligte Abteilungen oder Dritte	–
Beschreibung	Eltern können den Kita-Navigator nutzen, um sich online für bis zu 5 Kita-Plätze anzumelden. Für Kita-Leitungen ist der Kita-Navigator auch ein hilfreiches Werkzeug, um Ihre Einrichtung darzustellen und Kita-Plätze zu vergeben
Ziel der Maßnahme	Kita-Plätze online finden und reservieren
Abschluss der Maßnahme	Laufende Maßnahme
Umsetzungsstand	Laufende Erweiterung/Anpassung der Maßnahme
Finanzen/Förderung	Im Budget enthalten
Entscheidung	Strategische Entscheidung der Verantwortlichen

Maßnahme	Online-System zur frühen Hilfe für Kinder
Federführend	Gemeinde
Beteiligte Abteilungen oder Dritte	–
Beschreibung	Das Online-System soll einen niedrigschwelligen Informationsdienst für Eltern und Familien schaffen, um über bestehende Angebote zu Unterstützungsmöglichkeiten für junge Eltern sowie Freizeitaktivitäten für Kinder vor Ort zu informieren. Zu diesem Zweck können öffentliche und freie Träger ihre Angebote auf der Plattform einstellen
Ziel der Maßnahme	Informationen über aktuelle Angebote für Familien
Abschluss der Maßnahme	Laufende Maßnahme
Umsetzungsstand	In Planung
Finanzen/Förderung	Im Budget enthalten
Entscheidung	Strategische Entscheidung der Verantwortlichen

MIX
Papier aus verantwortungsvollen Quellen
Paper from responsible sources
FSC® C105338

If you have any concerns about our products,
you can contact us on
ProductSafety@springernature.com

In case Publisher is established outside the EU,
the EU authorized representative is:
**Springer Nature Customer Service Center GmbH
Europaplatz 3, 69115 Heidelberg, Germany**

Printed by Libri Plureos GmbH
in Hamburg, Germany